高职高专土木与建筑规划教材

安装工程计量与计价

付峥嵘　冯　锦　主编

清华大学出版社
北京

内 容 简 介

本书作为全国高等院校土木与建筑类专业十三五"互联网+"创新规划教材之一,是根据高职高专院校土木与建筑类专业的人才培养目标、教学计划、"安装工程计量与计价"课程的教学特点和要求,以国家和住房建设部颁布的《建设工程工程量清单计价规范》(GB 50500—2013)、《通用安装工程工程量计算规范》(GB 50856—2013)、《河南省通用安装工程预算定额》(HA 02—31—2016)的系列分册、建筑设计防火规范(GB50016—2014)、建筑给水排水及采暖工程施工质量验收规范(GB50242—2002)、通风空调工程安装手册等为依据编写的。

本书以高职高专教育教学的基本要求为宗旨,以"工学结合"思想为指导,立足于基本理论,结合大量的工程实例,系统、详细地对安装工程造价概述;安装工程工程量清单计量计价概述;机械设备安装工程;电气设备安装工程;通风空调工程;消防工程;给排水、采暖、燃气安装工程;刷油、防腐蚀、绝热工程;建筑智能化工程;安装工程计量与计价编制实例等进行了全面系统的阐述,其中第 1 章至第 9 章每章均配有相应的实际案例,第10章则通过大实例系统地进行了安装工程的计量与计价讲解。

书中重点对安装工程费用、清单规范、定额规则和说明应用、工程量计算等做了讲解,具有很强的针对性。通过本书可以使学生对安装工程计量与计价有一个系统的了解和认知,并对清单计量和清单编制、定额计量和定额计价有系统的认识,同时结合实训练习可以达到学以致用的目的。最后一章提供大型实操案例,以接触实际为主,体现理论和实践的相结合,且在最后提供两套不同的项目图纸通过扫描二维码获取电子图纸,供学生进行实训练习。

本书可作为高职高专安装工程技术、工程造价、工程管理、土木工程、工程监理及相关专业的教学用书,也可作为中专、函授及土建类工程技术人员的参考用书以及审计人员、造价员、造价师的考前辅导教材。本书除具有教材功能外还兼具工具书的特点,是工程造价业内人士案头必备的简明工具型手册,也是工程造价培训工作不可多得的基本参考书。

本书封面贴有清华大学出版社防伪标签,无标签者不得销售。
版权所有,侵权必究。举报:010-62782989,beiqinquan@tup.tsinghua.edu.cn。

图书在版编目(CIP)数据

安装工程计量与计价/付峥嵘,冯锦主编. —北京:清华大学出版社,2019(2021.2重印)
(高职高专土木与建筑规划教材)
ISBN 978-7-302-51169-4

Ⅰ. ①安… Ⅱ. ①付… ②冯… Ⅲ. ①建筑安装—工程造价—高等职业教育—教材 Ⅳ. ①TU723.32

中国版本图书馆 CIP 数据核字(2018)第 210692 号

责任编辑:桑任松
封面设计:刘孝琼
责任校对:周剑云
责任印制:沈 露
出版发行:清华大学出版社
   网 址:http://www.tup.com.cn, http://www.wqbook.com
   地 址:北京清华大学学研大厦 A 座 邮 编:100084
   社 总 机:010-62770175 邮 购:010-62786544
   投稿与读者服务:010-62776969, c-service@tup.tsinghua.edu.cn
   质量反馈:010-62772015, zhiliang@tup.tsinghua.edu.cn
   课件下载:http://www.tup.com.cn, 010-62791865
印 装 者:小森印刷霸州有限公司
经 销:全国新华书店
开 本:185mm×260mm 印 张:14.75 插 页:2 字 数:360千字
版 次:2019 年 4 月第 1 版 印 次:2021 年 2 月第 5 次印刷
定 价:46.00 元

产品编号:078036-01

前　言

安装工程计量与计价简称"工程造价"，其前身是"安装工程概预算"和"建筑产品价格"。安装工程计量与计价是安装工程及相关专业的一门重要专业课，本课程的主要任务是学习设备安装的基本概念及组成；掌握安装工程造价的构成及工程造价计价的原理和方法；掌握安装工程造价确定的方法及工程量计算规则。通过本课程的学习，要求能参考相关资料完成一套安装工程施工图工程量清单的编制，并能进行投标报价。

本书作为安装工程计量与计价的专用教材，充分考虑了当前大环境的情形，以国家和住房建设部颁布的《建设工程工程量清单计价规范》(GB 50500—2013)、《通用安装工程工程量计算规范》(GB 50856—2013)、《河南省通用安装工程预算定额》(HA 02—31—2016)的系列分册、建筑设计防火规范(GB50016—2014)、建筑给水排水及采暖工程施工质量验收规范(GB50242—2002)、通风空调工程安装手册等为依据，在全面理解规范和计算规则的前提下，做到内容上从基本知识入手，图文并茂；层次上由浅入深，循序渐进；实训上注重理论与实例相结合，每章必练；整体上主次分明，合理布局；力求把知识点简单化、生动化、形象化。

本书结合高职高专教育的特点，立足基本理论的阐述，注重实践技能的培养，将"案例教学法"的思想贯穿于整本书的编写过程中，具有"实用性"、"系统性"和"先进性"特色。

本书主要分为给排水、暖通、电力及建筑智能化四大部分，每一章都是按照安装设备基础知识→工程量清单计量→清单计价→计算案例的架构进行编写，且正文中在部分重要知识点处穿插案例，以利于同学们学习。

本书与同类书相比具有的显著特点如下。

(1) 新：图文并茂，生动形象，形式新颖；

(2) 全：知识点分门别类，包含全面，由浅入深，便于学习；

(3) 系统：知识讲解前呼后应，结构清晰，层次分明；

(4) 实用：理论和实际相结合，举一反三，学以致用；

(5) 赠送：除了必备的电子课件、每章习题答案、模拟测卷 AB 试卷及答案外，还相应地配套有大量的拓展图片、讲解音频、现场视频、模拟动画等通过扫描二维码的形式再次展示安装工程计量与计价的相关知识点，力求让初学者在学习时最大化地接受新知识，最快、最高效地达到学习目的。

本书由中南大学付峥嵘和山西宏厦建筑工程第三有限公司冯锦任主编，参与编写的还有中原工学院袁振霞、西华大学孙华、洛阳城市建设勘察设计院有限公司郭昊龙、商丘工学院土木工程学院韩梦泽，具体的编写分工如下：付峥嵘编写第 1 章、第 3 章、第 4 章，并负责全书的统筹，孙华负责编写第 2 章，冯锦负责编写第 5 章，第 6 章，郭昊龙负责编写第 7 章、第 8 章，韩梦泽负责编写第 9 章，袁振霞负责编写第 10 章。在此对在本书编写过程中的全体合作者和帮助者表示衷心的感谢！

本书在编写过程中，得到了许多同行的支持与帮助，在此一并表示感谢。由于编者水平有限和时间紧迫，书中难免有错误和不妥之处，望广大读者批评指正。

编　者

安装工程计量与计价试卷 A.pdf

安装工程计量与计价试卷 A 答案.pdf

安装工程计量与计价试卷 B.pdf

安装工程计量与计价试卷 B 答案.pdf

目　　录

电子课件获取方法.pdf

第1章　安装工程造价概述

01

【学习目标】

- 熟悉安装工程造价的含义。
- 熟悉安装工程的范畴。
- 掌握安装工程造价的组成。
- 掌握营改增的相关内容。

【教学要求】

本章要点	掌握层次	相关知识点
安装工程造价的作用	1. 熟悉安装工程造价的分类 2. 掌握安装工程造价的作用	设计概算、施工图预算、施工预算
安装工程造价费用组成	1. 熟悉安装工程造价费用的内容 2. 掌握安装工程造价费用的组成	按构成要素和按造价形成划分
"营改增"后招投标编制方法与注意事项	1. 熟悉"营改增"后招投标编制方法 2. 熟悉"营改增"后招标注意事项	"营改增"后招投标编制方法与注意事项

【项目案例导入】

　　某公司投资建设了一座集购物娱乐为一体的商场，地址在××市新区，目前整个商场的主体结构已基本完工。商场的安装工程分包给了专业的安装公司进行施工，预计两个月内完成。施工期间，安装公司凭借过硬的专业素养和良好的管理水平以及全体工作人员的共同努力，保质保量的在规定工期完成了工作。

【项目问题导入】

安装工程与建筑工程相似，都是整个建设工程中不可缺少的一部分，请结合案例，思考一下安装工程在整个建设中的作用有哪些？

1.1 安装工程造价的含义及范畴

1.1.1 安装工程造价的含义

安装工程是指按照工程建设图纸和施工规范的规定，把各种设备放置并固定在一定的地方，或将原材料经过加工并安置、装配并形成具有功能价值产品的工作过程。安装工程通常包括电气、通风、给排水以及设备安装。简单来说，安装工程一般是介于土建工程和装饰工程之间的工作。

安装工程造价
的含义.mp4

安装工程计量与计价，一般称为安装工程预算，是预先计算拟建工程投资数额及资源消耗量的经济文件，是建设工程投资、设计概算、施工图预算、竣工决算等的总称。同时也是对实施安装工作在未来一定时期内的收入和支出情况所做的计划。它可以通过货币形式来对安装过程的投入进行评价并反映安装过程中的经济效果。安装工程造价的主要任务是根据图纸、定额以及清单规范，计算出工程中所包含的直接费(人工、材料及设备、施工机具使用)、企业管理费、措施费、规费、利润及税金等。

安装工程造价是在一定的技术经济条件下经济效益的反映，条件不同，造价也就不同。安装工程造价要按照一定的计算规则和规范来确定，相应的计算规则和规范则由政府职能部门确定。

1.1.2 安装工程造价的范畴

安装造价工作是一个实践性很强的工作，它涉及的范围比较广，其中包含有机械设备安装工程，热力设备安装工程，静置设备与工艺金属结构制作安装工程，电气设备安装工程，建筑智能化工程，自动化控制仪表安装工程，通风空调工程，工业管道工程，消防工程，给排水、采暖、燃气工程，通信设备及线路工程，刷油、防腐蚀、绝热工程等。

安装工程造价
范畴介绍.mp4

电气设备安装中的强电部分包含有电力安装，照明、插座、配电房，根据标准不同，基本上施工的都是 110V 或 220V 的电力设备、管线安装。弱电部分包含有消防、网络、广播、楼宇对讲、监控安防、楼宇自动控制等。

1.2　安装工程造价的分类及作用

1.2.1　安装工程造价的分类

安装工程是一个统称,按照基本建设的不同阶段,其相应的名称、内容、精度也不同,一般分为设计概算、施工图预算、施工预算三部分。

1. 设计概算

1) 概述

设计概算是在初步设计和扩大初步设计阶段,按照规定的程序、方法和依据,对建设项目总投资及其构成进行的概略计算。具体而言,设计概算是由设计单位根据初步投资估算、设计要求及初步设计图纸或扩大初步设计图纸及说明,依据概算定额或概算指标,各

设计概算概述.mp4

项费用定额或取费标准,建设地区自然、技术经济条件和设备、材料预算价格等资料,或参照类似工程预(决)算文件,编制和确定的建设项目由筹建至竣工交付使用的全部建设费用的经济文件。

2) 分类

设计概算包括单位工程概算、单项工程综合概算、其他工程的费用概算,建设项目总概算以及编制说明等。它是由单个到综合,局部到总体,逐个编制,层层汇总而成。

(1) 单位工程概算。

单位工程概算具有独立的设计文件,能够独立组织施工过程,是单项工程的组成部分。

(2) 单项工程综合概算。

单项工程综合概算是指在一个建设项目中,具有独立的设计文件,建成后可以独立发挥生产能力或工程效益的项目。单项工程是一个复杂的综合体,是具有独立存在意义的一个完整工程,由各单位工程概算汇总编制而成,是建设项目总概算的组成部分。

(3) 建设项目总概算。

建设项目总概算是确定整个建设项目从筹建到竣工验收所需全部费用的文件,它是由各单项工程综合概算、工程建设其他费用概算、预备费、建设期贷款利息和投资方向调节税概算汇总编制而成的。

(4) 其他工程的费用概算。

其他工程的费用概算内容包括土地征购、坟墓迁移和清除障碍物等项及其费用。

3) 作用

(1) 设计概算是编制建设项目投资计划、确定和控制建设项目投资的依据。

国家规定,编制年度固定资产投资计划,确定计划投资总额及其构成数额,要以批准的初步设计概算为依据,没有批准的初步设计文件及概算,建设工程就不能列入年度固定资产投资计划。

(2) 设计概算是签订建设工程合同和贷款合同的依据。

国家颁布的合同法明确规定，建设工程合同价款是以设计概、预算价为依据，且总承包合同不得超过设计总概算的投资额。银行贷款或各单项工程的拨款累计总额不能超过设计概算，当项目投资计划所列支投资额与贷款突破设计概算时，必须查明原因，之后由建设单位报请上级主管部门调整或追加设计概算总投资，未批准之前，银行对其超支部分拒不拨付。

(3) 设计概算是控制施工图设计和施工图预算的依据。

设计单位必须按照批准的初步设计和总概算进行施工图设计，施工图预算不得突破设计概算，如确需突破总概算时，应按规定程序报批。

(4) 设计概算是衡量设计方案技术经济合理性和选择最佳设计方案的依据。

设计部门在初步设计阶段要选择最佳设计方案，设计概算是从经济角度衡量设计方案经济合理性的重要依据。因此，设计概算是衡量设计方案技术经济合理性和选择最佳设计方案的依据。

(5) 设计概算是考核建设项目投资效果的依据。

通过设计概算与竣工决算对比，可以分析和考核投资效果的好坏，同时还可以验证设计概算的准确性，有利于加强设计概算管理和建设项目造价管理的工作。

【案例 1-1】 ××市某空调工程在初步设计和扩大初步设计阶段，按照规定的程序、方法和依据，对整个空调工程总投资及其构成进行概略的计算，由此编制出一份经济文件。该工程是一类工程，是优良工程，计算出的工程造价为 82.335 万元，请结合上下文内容，试分析这个阶段计算出来的工程造价的作用是什么？与实际相比有什么差距？

2. 施工图预算

1) 施工图预算的概念

施工图预算是指建设工程开工前，根据施工图设计图纸、现行预算定额、现场条件及有关规定，以一定的方法编制的一种确定工程建设施工阶段造价的技术经济文件。它是以单位工程为编制对象，以分项工程划分项目，按相应的专业预算定额及其项目为计价单位所编制的综合性预算。

施工图预算概述.mp4

2) 施工图预算书的组成

(1) 建筑安装工程预算书封面；

(2) 建筑安装工程预算书编制说明；

(3) 安装工程预算费用汇总表、措施表；

(4) 安装工程预算表；

(5) 安装工程主材汇总表；

(6) 安装工程预算工料汇总表；

(7) 安装工程工程量计算表。

3) 施工图预算的编制程序

安装工程施工图预算的编制，是一项复杂而又细致的工作，并具有较强的政策性、科学性、经济性，需要一定的编制程序和一套科学的方法。由于条件、工作习惯、编制者水平等的不同，在编制中有的环节和手法会因人而异，但基本的程序和方法应是一致的。基本程序和方法如下。

(1) 做好编制前的准备。

首先要熟悉图纸，参加施工图的技术交底和图纸会审，详尽了解施工图纸和有关设计文件；熟悉施工组织设计(方案)，了解施工方法、工序和操作工艺及现场的施工条件等；收集和选定有关材料、设备价格；确定相应定额、估价表及与编制预算有关的文件及规定等。

(2) 划分预算分部分项子目。

预算编制之前，为避免重复或遗漏，首先要按图纸并结合专业进行单位工程划分和分工。一般安装工程可直接根据不同单位工程的设计图纸划分；对大型安装工程，专业多、图纸多、参编人员多，需由专业预算人员根据图纸和预算定额或单位估价表，列出预算的分部分项子目，这些子目既是计算工程量的目录，也是套用定额或单位估价表时要对应的，同时还可以避免漏项或重复计算。

(3) 计算工程量。

工程量是预算造价的基础数据，工程量计算是预算工作中工作量最大的内容之一。工程量计算要符合工程量计算规则的规定，计算方法要准确，防止重复计算或遗漏。计算底稿要力求简捷、精确，且具有可查性。计量单位与预算定额的单位要保持一致。

(4) 套用预算定额或单位估价表，计算直接工程费。

工程量计算完毕后，应进行整理、汇总，按一定格式填写定额项目及工程量，套用预算定额或单位估价表，计算直接工程费。在计算直接工程费时应注意以下问题。

① 遇有定额未包括的新技术、新工艺、新材料或新设备的应用时，应按有关规定换算或编制补充定额。

② 安装工程的基价和未计价材应分别填列，注意计量单位与单价单位保持一致，当定额中无主材含量时，其主材应根据工程量和定额规定的损耗率加计损耗，一并列入未计价材消耗量。

③ 直接工程费用除了套用定额子目计取之外，还有一部分系数费用，需要在子目套用完毕后计取。各单位工程应根据工程特征，按照各册规定的系数计算规则、方法和标准计算，计取有关的费用，如工程超高增加费、高层建筑增加费、脚手架搭拆费等(各系数的具体内容详见后面有关介绍)。

(5) 费用计取。

单位工程直接工程费汇总后，计算分析施工技术措施费和施工组织措施费，按照费用计算标准和费用计算程序计算工程成本、利润和税金，汇总计算单位工程造价。

4) 施工图预算的作用

(1) 施工图预算最主要的作用是确定建筑安装产品定价；

(2) 施工图预算是建设单位和建筑安装企业经济核算的基础；

(3) 施工图预算是编制工程进度计划和统计工作的基础，是设备、材料加工订货的依据；

(4) 施工图预算是编制工程招标标底和工程投标报价的基础。

【案例 1-2】 ××市某空调工程在建设工程开工前，根据施工图设计图纸、现行预算定额、现场条件及有关规定，以一定的方法编制了一份技术经济文件。该工程是一类工程，是优良工程，计算出的工程造价为 79.244 万元，请结合上下文内容，试分析该阶段计算出的工程造价的作用是什么？与实际相比有什么差别？与上一阶段编制的经济技术文件有何差别？

3. 施工预算

1) 施工预算的概念

施工预算是在施工图预算的控制下，依据企业的内部施工定额，以建筑安装单位工程为对象，根据施工图纸，施工定额，施工及验收规范，标准图集，施工组织设计(施工方案)编制的单位工程施工所需要的人工、材料、施工机械台班用量的技术经济文件，是施工企业的内部文件。

施工预算是企业进行劳动调配，物资技术供应，反映企业个别劳动量与社会平均劳动量之间的差别，控制成本开支，进行成本分析和班组经济核算的依据。

2) 施工预算的内容

(1) 按施工定额和施工组织设计口径的分部分项、分层分段的工程量。

(2) 材料的明细用量。

(3) 分工种的用工数量。

(4) 机械的种类和需用台班数量。

(5) 混凝土、钢木构件及制品的加工订货数量。

3) 施工预算的作用

(1) 施工企业根据施工预算编制施工计划、材料需用计划、劳动力使用计划，以及对外加工订货计划，实行定额管理和计划管理。

(2) 根据已签发施工任务书，限额领料、实行班组经济核算以及奖励。

(3) 根据检查和考核施工图预算编制的正确程度，以便控制成本、开展经济分析活动，督促技术节约措施的贯彻执行。

1.2.2　安装工程造价的作用

近年来经济快速发展，建设工程规模不断壮大，安装工程预算在建设工程中的作用越来越明显，安装工程造价的作用主要体现在以下几个方面。

(1) 项目决策的依据。安装工程造价是项目财务分析和经济评价的重要依据。

(2) 制定投资计划和控制投资的依据。正确的投资计划有助于合理和有效地使用资金。

(3) 筹集资金的依据。

(4) 评价投资效果的指标。每个项目的造价自身形成一个指标体系。

(5) 合理分配利润和调节产业结构的手段。

安装工程
造价的作用.mp4

1.3 安装工程造价费用的内容及组成

1.3.1 安装工程造价费用的内容

安装工程造价费用的内容如下。

(1) 生产、动力、起重、运输、传动和医疗、实验等各种需要安装的机械设备的装配费用,与设备相连的工作台、梯子、栏杆等设施的工程费用,附属于安装设备的管线敷设工程费用,以及被安装设备的绝缘、防腐、保温、油漆等工程的材料费和安装费。

(2) 为测定安装工程质量,对单台设备进行单机试运行,对系统设备进行系统联动无负荷试运转工程的调试费。

安装工程造价
费用内容.mp4

1.3.2 安装工程造价费用的组成

根据住房城乡建设部、财政部颁布的"关于印发《建筑安装工程费用项目组成》的通知"(建标〔2013〕44号),我国现行建筑安装工程费用项目可按两种不同的方式划分,分别为按费用构成要素划分和按造价形成划分。其具体构成如图 1-1 所示。

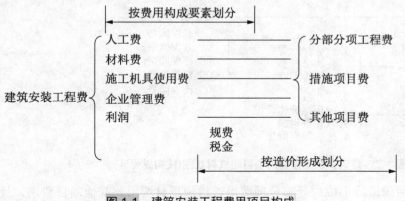

图 1-1 建筑安装工程费用项目构成

安装工程造价
费用组成.mp4

建筑安装工程费用项目组成(按费用构成要素)如图 1-2 所示。

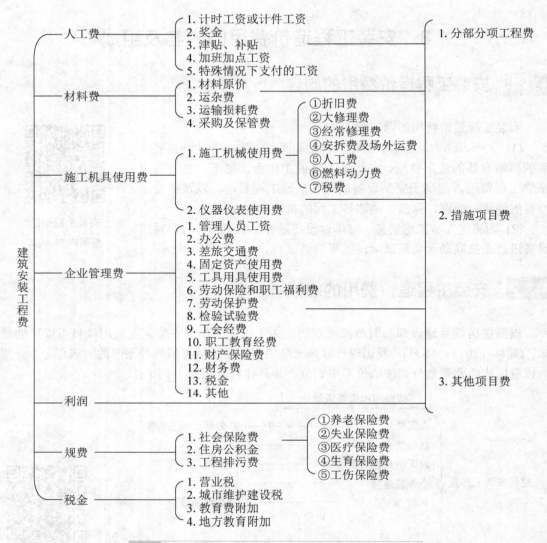

图 1-2　建筑安装工程费用项目组成树状图(按构成要素)

建筑安装工程费用按造价形成由分部分项费用、措施项目费用、其他项目费用、规费和税金组成，根据建标〔2013〕44 号关于印发《建筑安装工程费用项目组成》的通知规定。建筑安装工程费用项目组成(按造价形成)如图 1-3 所示。

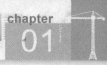

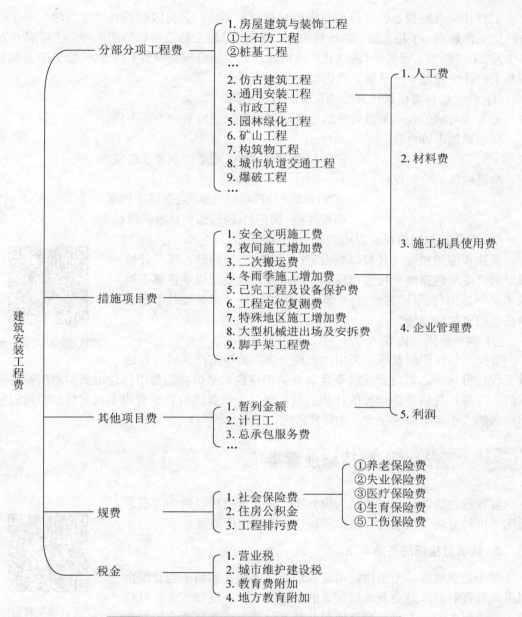

图 1-3　建筑安装工程费用项目组成树状图(按造价形成)

1.4　"营改增"后招投标编制

"营改增"后招投标编制方法

我国建筑业长期以来一直实行的是营业税税制,现行工程计价规则税金的计算与营业税税制相适应。"营改增"后,营业税税制下采取综合税率计提税金的方式发生了根本变化，工程计价规则税金的计算应与增值税税制相适应。为保障建筑业"营改增"后工程造价计价工作顺利、平稳实施，满足建筑业"营改增"后工程造价计价的需要，住建部于 2014 年 7 月 21 日颁布了《关于<建筑业营改增建设工程计价规则调整实施方案>征求意见稿》，调整工程计价规则。意见稿主要内容如下。

(1) 营业税与增值税计算应纳税额的方法不同。

营业税与增值税都是流转税的性质，但计算应纳税额的方法不同。

营业税属于价内税：

$$应纳税额=营业额(工程造价)\times 营业税税率 \tag{1-1}$$

增值税属于价外税：

$$应纳税额=当期销项税额-当期进项税额 \tag{1-2}$$

$$销项税额=销售额(税前造价)\times 增值税税率 \tag{1-3}$$

(2) 营业税与增值税计算应纳税金的基础不同。

营业税应纳税金的计算以营业额(工程造价)为基础，现行计价规则的营业额包括增值税进项税额。增值税税制要求进项税额不进成本，不是销售额(税前造价)的组成，销项税额计算基础是不含进项税额的"税前造价"。

(3) 调整原则和内容。

调整原则和内容.mp4

根据增值税税制要求，采用"价税分离"的原则，调整现行建设工程计价规则。即将营业税下建筑安装工程税前造价各项费用包含可抵扣增值税进项税额的"含增值税税金"计算的计价规则，调整为税前造价各项费用不包含可抵扣增值税进项税额的"不含增值税税金"的计算规则。

1.4.2 "营改增"后招标注意事项

营业税为价内税，增值税为价外税，根据增值税税制的要求，采用"价税分离"的原则，调整现行建设工程计价规则。

1. 新项目招标的注意事项

对于企业而言，无论缴纳增值税还是营业税，都属于企业现金流出，只有利润才是企业最后创造的财富，所以在选择劳务分包商时，一个根本的出发点是测算使得两种不同税率或者征收率的利润相等时的临界点。

"营改增"后招标注意事项.mp4

2. 老项目招标的注意事项

(1) 使用简易计税方法的，因进项税均不得抵扣，选择分包方的时候，考虑优先选择综合单价最低方。

(2) 使用一般计税方法的，参照新项目招标注意事项。

1.4.3　如何应对"营改增"后投标报价

"营改增"后，施工企业计提税金的方式发生了根本变化，与之相应的投标报价也要做出必要调整，那么如何应对"营改增"后的投标报价，以下从不同的方面进行分析。

1. 梳理业主信息，建立业主信息档案

对业主身份进行梳理，建立业主信息管理档案。业主信息档案内容应包括：业主名称、业主单位类型(政府机构、事业单位、国有企业等)、纳税人信息(是否为增值税纳税人、是否为一般纳税人、所属行业、适用税率、税务登记证号、一般纳税人识别号等)、企业基本信息(注册地址、联系人、电话、开户行及银行账号等)。

2. 建立增值税报价测算模型

投标报价工作人员在学习掌握增值税基本知识，理解成本报价的"价税分离"原理的基础上，按照建标〔2014〕51号文件，建立增值税报价测算模型。主要用于测算公司在增值税政策下承接项目预计发生的成本费用及可抵扣的增值税进项税额，继而确定报价及盈利水平。由于不同类型的项目成本费用构成不同，所处的市场环境对专用发票的取得情况也会产生影响，因此，应选择不同地区、不同类型项目分别建立各自的测算模型，对于"营改增"后各类项目报价行情的走向做到心中有数。

3. 修改合同模板及经营开发相关管理办法

协助法律部门修订承包合同模板，并负责修订经营开发相关管理办法。合同模板的修订主要包括但不限于以下几方面内容。

(1) 对合同价款进行价税分开列示。

(2) 明确提供发票的类型。

(3) 修改工程款支付相关条款，如明确增值税为即付款项，即在每期计量次日前付款；明确质保金计算基数为不含税工程价款等。

(4) 明确加工材的价款、结算及开票等事宜。负责调整工程概预算，确定谈判价格区间。

4. 根据业主类型制定定价原则

根据目前的政策预计，建筑业与房地产业将同时纳入"营改增"范围，届时不动产有可能纳入抵扣范围，这就意味着建筑业的产品(公路、铁路、房屋等)中所含的增值税可以由业主单位(必须是一般纳税人)进行抵扣。比如税改前1000千万元的项目，业主列入资产价值为1000千万元，税改后，如果我方报价提高至1050千万元(含税)，业主列入资产价值则为940.59千万元，其中109.41千万元作为进项税额可以抵扣，相比税改前，其也能接受。作为投标报价工作人员，一定要在了解业主的性质之后，掌握"营改增"政策对业主单位的影响，进行针对性的报价。

5. 与业主进行价格谈判

根据"营改增"政策执行的预计情况，未来并非所有项目都需要进行价格谈判，以下

是对可能需要进行价格谈判的项目进行分析。

(1) 对业主单位性质的分析。

根据增值税的抵扣特点，非一般纳税人的业主单位由于其取得的进项税额不能抵扣，"营改增"政策对其不具有积极意义，因此谈判空间和可能性都比较小；而对于一般纳税人的业主单位，"营改增"对其成本有明显的降低作用，在这种情况下，施工单位提出因实际税负增加需进行价格谈判的诉求，是具有价格谈判空间的。

(2) 对过渡政策的分析。

建筑业的"营改增"过渡政策存在多种可能，如果对老项目继续沿用营业税，或采取简易征收办法，那么建筑业存量项目的实际税负将不会增加，因此没有谈判的必要；而且，如果建筑业进行"营改增"时如果不配套出台不动产进项税额抵扣政策的话，业主单位同样也不能从税改中获得利益，谈判的可能性也很小。综合上述分析，"营改增"后，是否需要开展与业主的价格磋商、谈判工作，需要结合业主单位性质、过渡政策实施等因素进行综合判断。

【案例 1-3】 ×市人民政府准备对办公楼的通风采暖系统进行升级改造，为此，×市政府在×市政府采购网上公布了关于×市办公大楼通风采暖系统升级改造的招标信息，并聘请专业的招标代理公司主持招标活动。有意投标的承包商在得知消息后，纷纷在网上报名并购买下载招标文件。近年来，建筑行业开始实行"营改增"政策，请结合上下文，分析实行"营改增"政策后，承包人在进行投标时需要注意哪些事项？

1.4.4 针对"营改增"的具体示例

按照《财政部国家税务总局关于全面推开营业税改增值税试点的通知》(财税〔2016〕36号)、《住房和城乡建设部标准定额研究所关于印发研究落实"营改增"具体措施研讨会会议纪要的通知》(建标造〔2016〕49号)等文件精神，对《河南省建设工程工程量清单综合单价(2008)》、《郑州市城市轨道交通工程单位估价表》、《河南省仿古建筑工程计价综合单价(2009)》等计价依据做出如下调整。

(1) 人工费：人工费不做调整，营改增后人工费仍为营改增前人工费。

(2) 材料费：营改增后，各类工程材料费均为"除税后材料费"，材料价格直接以不含增值税的"裸价"计价。造价管理机构应及时调整、发布价格信息，以满足工程计价需要。

(3) 机械费：机械费中增值税-进项税综合税率暂定为 11.34%，即营改增后机械费为营改增前机械费×(1-11.34%)。

(4) 企业管理费：城市维护建设税、教育费附加及地方教育费附加应纳入管理费核算，相应调增费用 0.86 元/综合工日；企业管理费中增值税-进项税综合税率暂定为 5.13%，即营改增后企业管理费为营改增前企业管理费×(1-5.13%)。

(5) 利润：利润不做调整，营改增后利润仍为营改增前利润。

(6) 安全文明费：安全文明费中增值税-进项税综合税率暂定为 10.08%，即营改增后安全文明费为营改增前安全文明费×(1-10.08%)。

(7) 规费：规费不做调整，营改增后规费仍为营改增前规费。

根据财税〔2016〕36 号文附件 1——《营业税改征增值税试点实施办法》规定，增值税计税方法分为一般计税方法和简易计税方法两种。选择不同的计税方法，涉及应纳税额的算法、票据等都会不同。因此，在实际编制工程预算时，有关建设方应明确选择一种计税方法，以便工程造价计价工作。

本 章 小 结

通过本章的学习，学生们可以学到安装工程造价的含义及安装工程造价的范畴；安装工程造价的分类；安装工程造价的作用；安装工程造价费用的组成；费用组成的分类方式以及各自包含的内容，同时还能延伸到"营改增"后招投标的相关变化和应对技巧以及注意事项，为学生们以后的学习和工作打下坚实的基础。

实 训 练 习

一、单项选择题

1. 以下不属于安装工程造价范畴的是(　　)。
   A. 热力设备安装工程　　　　　　　B. 通风空调工程
   C. 电气设备安装工程　　　　　　　D. 砌筑工程
2. (　　)具有独立的设计文件，能够独立组织施工过程，是单项工程的组成部分。
   A. 单位工程概算　　　　　　　　　B. 单项工程综合概算
   C. 建设项目总概算　　　　　　　　D. 分部分项工程预算
3. 规费中不包含(　　)。
   A. 社会保险费　　B. 住房公积金　　C. 工程排污费　　D. 劳动保护费
4. 建筑安装工程费按照造价形式不包括的是(　　)。
   A. 分部分项工程费　　　　　　　　B. 措施项目费
   C. 人工费　　　　　　　　　　　　D. 规费
5. 建筑安装工程费按照构成要素不包括的是(　　)。
   A. 人工费　　　　　　　　　　　　B. 材料费
   C. 施工机具使用费　　　　　　　　D. 分部分项工程费

二、多项选择题

1. 安装工程是一个统称，按照基本建设的不同阶段，其相应的名称、内容、精度也不同，一般分为(　　)三部分。
   A. 设计概算　　B. 施工图预算　　C. 施工预算
   D. 建筑预算　　E. 竣工结算
2. 税金包含的内容有(　　)。
   A. 营业税　　　　B. 增值税　　　　C. 城市维护建设税
   D. 教育费附加　　E. 地方教育附加

3. 建筑安装工程费按照造价形成包括(　　)。

    A. 分部分项工程费　　　　　　　　B. 措施项目费

    C. 人工费　　　　D. 规费　　　　E. 其他项目费

4. 建筑安装工程费按照构成要素不包括的是(　　)。

    A. 人工费　　　　B. 材料费　　　　C. 施工机具使用费

    D. 分部分项工程费　　　　　　　　E. 企业管理费

5. 设计概算的作用包含有(　　)。

    A. 设计概算是编制建设项目投资计划，确定和控制建设项目投资的依据

    B. 设计概算不是签订建设工程合同和贷款合同的依据

    C. 设计概算是控制施工图设计和施工图预算的依据

    D. 设计概算是衡量设计方案技术经济合理性和选择最佳设计方案的依据

    E. 设计概算不是考核建设项目投资效果的依据之一

三、简答题

1. 简述施工预算与施工图预算的区别。

2. "营改增"针对哪些项目是主要变更的，在招投标的时候需要特别注意哪些？

3. 安装工程造价的作用有哪些？

第 1 章 习题答案.pdf

实训工作单

班级		姓名		日期	
教学项目		"营改增"后招标的注意事项			
学习项目	"营改增"后招标的编制方法、"营改增"后招标的注意事项	学习要求	1. 熟悉"营改增"的相关概念； 2. 掌握"营改增"后招标的注意事项； 3. 掌握"营改增"后投标报价的注意事项		
相关知识	安装工程造价费用的组成				
其他内容					
学习记录					
评语				指导老师	

第 2 章安装工程工程量
清单计量计价概述.pptx

安装工程工程量清单
计量计价概述.pdf

第 2 章　安装工程工程量清单计量计价概述

02

【学习目标】

● 了解工程量清单计价概述。

● 熟悉工程量清单计价简介。

● 掌握清单的编制。

● 掌握清单计价。

【教学要求】

本章要点	掌握层次	相关知识点
工程量清单计价概述	了解工程量清单计价概述	清单计价基本知识
安装工程量清单计价规范简介	熟悉安装工程量清单计价规范简介	安装工程量清单计价规范简介
清单编制	掌握清单编制	清单编制
清单计价	掌握清单计价	清单计价

【项目案例导入】

某照明配电箱使用的配管总长为 130m，其中公称直径 18mm 的钢管占配管总长的 20%，公称直径 25mm 的钢管占配管总长的 50%，公称直径 32mm 的钢管占配管总长的 30%。

【项目问题导入】

请结合自身所学的相关知识，根据本案例的相关数据及相关定额确定配管所需要的费用。

2.1 工程量清单计价概述

2.1.1 工程量清单计价的概念

工程量清单计价是指在建设招标投标中，招标人按照《建设工程工程量清单计价规范》(GB50500—2013)(以下简称《计价规范》)规定的工程量计算规则提供工程数量，由投标人依据工程量清单自主报价，并按照经评审低价中标的工程造价计价方式。

工程量清单计价的概念.mp4

2.1.2 工程量清单计价的基本规定

1. 工程量清单计价的应用规定

《计价规范》中 1.0.3 条规定，全部使用国有资金投资或国有资金投资为主的大中型建设工程应执行本规范。

2. 工程量清单计价的格式规定

《计价规范》对工程量清单规定了统一的格式。在规定的招标投标工程中，工程量清单必须严格遵照《计价规范》规定的格式执行，其规定格式及填表要求如下。

1) 工程量清单应采用统一格式

工程量清单格式由下列内容组成：

(1) 封面；

(2) 填表须知；

(3) 总说明；

(4) 分部分项工程量清单；

(5) 措施项目清单；

(6) 其他项目清单。

工程量清单格式的组成内容.mp4

【案例 2-1】 A 建筑公司中标某污水处理厂工程，该污水处理厂工程主要包括沉淀池和管道等单位工程。其中有一座混凝土二次沉淀池，该二次沉淀池外接有一条直径为 500mm 的排水管，管材为硬聚氯乙烯双壁波纹管，该工程采用清单计价。请结合自身所学的相关知识，简述工程量清单计价的基本规定。

2) 填表须知

工程量清单及其计价格式中所有要求签字、盖章的地方必须由规定的单位和人员签字、盖章，工程量清单及计价格式中的任何内容不得随意删除或涂改。

工程量清单计价格式中列明的所有需要填报的单价和合价，投标人均应填报，未填报的单价和合价，视为此项费用已包含在工程量清单的其他单价和合价中。

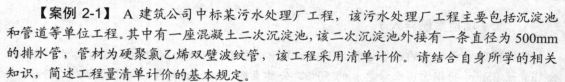

3）工程量清单的填写规定

(1) 工程量清单应由招标人填写。

(2) 填表须知除本规范内容外，招标人可根据具体情况进行补充。

(3) 总说明应按下列内容填写。

① 工程概况：建设规模、工程特征、计划工期、施工现场实际情况、交通运输情况、自然地理条件、环境保护要求等。

② 工程招标和分包范围。

③ 工程量清单编制依据。

④ 工程质量、材料、施工等的特殊要求。

⑤ 招标人自行采购材料的名称、规格、型号、数量等。

⑥ 其他项目清单中投标人部分的(包括预留金、材料购置费等)金额数量。

⑦ 其他需说明的问题。

3. 工程量清单计价的术语规定

《计价规范》对其常用的术语作了统一的规定与说明，具体包括：工程量清单、项目编码、综合单价、措施项目、预留金、总承包服务费、零星工作项目费、消耗量定额、企业定额等一些术语。

2.1.3　实行工程量清单计价的目的及意义

(1) 实行工程量清单计价，是工程造价深化改革的产物。

(2) 实行工程量清单计价，是规范建设市场秩序，适应社会主义市场经济发展的需要。

(3) 实行工程量清单计价，是促进建设市场有序竞争和企业健康发展的需要。

(4) 实行工程量清单计价，有利于我国工程造价管理政府职能的转变。

(5) 实行工程量清单计价，有利于提高工程建设的管理水平。

工程量清单计价
的目的意义.mp4

工程量清单计价是市场形成工程造价的主要形式。工程量清单计价有利于发挥企业自主报价的能力，实现由政府定价到市场定价的转变；有利于规范招投标双方在招投标中的行为，从而真正体现公开、公平、公正的原则，反映市场经济规律。

对发包单位，工程量清单是招标文件的组成部分，招标单位必须编制出准确的工程量清单，并承担相应的风险，促进招标单位提高管理水平。由于工程量清单是公开的，因此，可避免工程招标中的弄虚作假、暗箱操作等不规范行为。

对承包企业，采用工程量清单报价，必须对单位工程成本、利润进行分析，统筹考虑，精心选择施工方案，并根据企业的定额合理确定人工、材料、施工机械等要素的投入与分配，优化组合，合理控制现场费用与技术措施费用，确定投标报价。

工程量清单计价的实行，有利于规范建设市场计价行为，规范建设市场秩序，促进建设市场有序竞争；有利于建设项目投资，合理利用资源；有利于促进技术进步，提高劳动生产率；有利于提高造价工程师的素质，使其成为懂技术、懂经济、懂管理的全面发展的复合型人才。

2.2 《安装工程工程量清单计价规范》简介

2.2.1 《计价规范》颁布的目的及其特点

《计价规范》是由国家建设行政主管部门颁布的，用以指导我国建设工程计价做法，约束计价市场行为的规范性文件。《计价规范》颁布的目的是规范建设工程工程量清单计价行为，统一建设工程工程量清单的编制和计价方法。

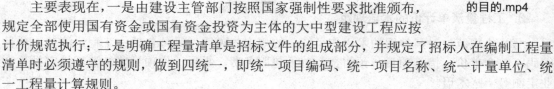

《计价规范》颁布
的目的.mp4

《计价规范》具有以下特点。

(1) 强制性。

主要表现在，一是由建设主管部门按照国家强制性要求批准颁布，规定全部使用国有资金或国有资金投资为主体的大中型建设工程应按计价规范执行；二是明确工程量清单是招标文件的组成部分，并规定了招标人在编制工程量清单时必须遵守的规则，做到四统一，即统一项目编码、统一项目名称、统一计量单位、统一工程量计算规则。

(2) 实用性。

附录中工程量清单项目及计算规则的项目名称表现的是工程实体项目，项目名称明确清晰，工程量计算规则简洁明了；特别还列有项目特征和工程内容，易于编制工程量清单时确定具体项目名称和投标报价。

(3) 竞争性。

一是《计价规范》中的措施项目。在工程量清单中列"措施项目"一栏，具体采用措施，如模板、脚手架、临时设施、施工排水等，详细内容由投标人根据企业的施工组织设计，视具体情况报价。因为这些项目在各个企业间各有不同，是企业的竞争项目，留给了企业竞争的空间。二是《计价规范》中人工、材料和施工机械没有具体的消耗量，投标企业可以依据企业定额和市场价格信息，也可以参照建设行政主管部门发布的社会平均消耗量定额进行报价。《计价规范》将报价权交给了企业。

(4) 通用性。

采用工程量清单计价与国际惯例接轨，符合工程量计算方法标准化、工程量计算规则统一化、工程造价确定市场化的要求。

2.2.2 《计价规范》编制的指导思想和原则

根据建设部令第107号《建筑工程施工发包与承包计价管理办法》，结合我国工程造价管理现状，总结有关省市工程量清单试点的经验，参照国际上有关工程量清单计价通行的做法，《计价规范》编制中遵循的指导思想是按照政府宏观调控、市场竞争形成价格的要求，创造公平、公正、公开的竞争环境，以建立全国统一的、有序的建筑市场。

《计价规范》
编制原则.mp4

编制工作除了遵循上述指导思想外，还应坚持以下原则。

1. 政府宏观调控、企业自主报价，市场竞争形成价格的原则

为规范发包方与承包方计价行为，按照政府宏观调控、市场竞争形成价格的指导思想确定了工程量清单计价的原则、方法和必须遵守的规则，包括统一项目编码、项目名称、计量单位、工程量计算规则等。留给企业自主报价和参与市场竞争的空间，将施工方法、施工措施和人工、材料、机械的消耗量水平、取费等由企业确定，给企业充分选择的权利，以促进生产力的发展。

2. 与现行预算定额既有机结合又有所区别的原则

《计价规范》在编制过程中，以现行的"全国统一工程预算定额"为基础，特别是项目划分、计量单位、工程量计算规则等方面，尽可能多地与定额衔接。原因主要是预算定额是我国经过几十年实践的总结，这些内容具有一定的科学性和实用性。《计价规范》与工程预算定额的主要区别是：预算定额是按照计划经济的要求制订发布贯彻执行的，其中有许多不适应《计价规范》编制指导思想的地方，主要表现在：①定额项目是国家规定以工序为划分项目的原则；②施工工艺、施工方法是根据大多数企业的施工方法综合取定的；③工料、机械消耗量是根据"社会平均水平"综合测定的；④取费标准是根据不同地区平均测算的。因此企业报价就会表现为平均主义，企业不能结合项目具体情况、自身技术管理水平自主报价，不能充分调动企业加强管理的积极性。

3. 既考虑我国工程造价管理的现状，又尽可能与国际惯例接轨的原则

《计价规范》是根据我国当前工程建设市场发展的形势，逐步排除定额计价中与当前工程建设市场不相适应的因素，以适应我国社会主义市场经济发展的需要，适应与国际接轨的需要，积极稳妥地推行工程量清单计价。因此，在编制中，既借鉴了世界银行、菲迪克(FIDIC)、英联邦国家以及香港特别行政区的一些做法，也结合了我国现阶段的具体情况。如：实体项目的设置方面，结合了当前按专业设置的一些情况；有关名词尽量沿用国内习惯，如措施项目就是国内的习惯叫法，国外称为开办项目；措施项目的内容借鉴了国外的部分做法。

2.2.3　《计价规范》的主要内容

1. 一般概念

(1) 工程量清单计价方法：在建设招标投标中，招标人按照《计价规范》要求的工程量计算规则提供工程量清单，由投标人依据工程量清单自主报价，并按照经评审低价中标的工程造价方式进行计算。

(2) 工程量清单：由招标人按照《计价规范》附录中统一的项目编码、项目名称、计量单位和工程量计算规则进行编制，表现拟建工程的分部分项工程项目、措施项目、其他项目名称和相应数量的明细清单。

(3) 工程量清单计价：投标人完成由招标人提供的工程量清单所需的全部费用，包括分部分项工程费、措施项目费、其他项目费和规费、税金。

(4) 综合单价：完成单位项目所需的人工费、材料费、机械使用费、管理费和利润，并考虑风险因素。

2. 主要章节

《计价规范》包括正文和附录两大部分，二者具有同等效力。

正文共五章，包括总则、术语、工程量清单编制、工程量清单计价、工程量清单及其计价格式等内容，分别就《计价规范》的适用范围、遵循原则、编制工程量清单应遵循的原则、工程量清单计价活动的规则、工程量清单及其计价格式做了明确规定。

附录包括：附录 A(建筑工程工程量清单项目及计算规则)、附录 B(装饰装修工程工程量清单项目及计算规则)、附录 C(安装工程工程量清单项目及计算规则)、附录 D(市政工程工程量清单项目及计算规则)、附录 E(园林绿化工程工程量清单项目及计算规则)。附录中包括项目编码、项目名称、项目特征、计量单位、工程量计算规则和工程内容，其中项目编码、项目名称、计量单位、工程量计算规则作为"四统一"的内容，要求招标人在编制工程量清单时必须执行。

2.3　清 单 编 制

工程量清单规范明确提出了招标方要对工程量清单负责，由于工程量编制失误而造成造价调整，由招标方完全承担。然而，为了更快地把握市场机会，招投标阶段的时间总是非常紧张、分秒必争。因此，如何更好地在短时间内完成高质量的工程量清单，就成为摆在所有造价人员面前的一个挑战。

工程量清单质量主要包含三个方面：工程量清单的列项应保证不漏项；工程量清单的描述应描述准确；应提高清单工程量计算的准确度，不产生歧义。

1. 工程量清单的列项

工程内容决定了清单项的工作范围，一般同定额子目的工程内容不太一致，因此，如果不熟悉清单的工程内容，就很容易造成重复列项或漏项。

清单的合并、拆分有时根据工程情况，可以选择适当的合并或拆分，以方便结算。充分利用已有的成果，一般工程都是比较相似的，很多清单项差别不大，因此在已完成工程的清单列表中进行选择、修改会更快速，且不容易漏项。检查很重要，应根据列好的清单项和图纸进行对应，覆盖的实体就在图纸上勾挑，如果发现遗漏，应立即查阅清单规范来核对，确属遗漏应立即补上。要有总结，对于清单列项，每次出现遗漏的项目，我们都要及时进行总结，并把遗漏项目放入容易漏项的检查表中，每人桌面贴一份。这种工作方式对于新人特别有益，可大幅度提高工作效率。

2. 工程量清单的描述

清单描述得详细或简单以及描述的方式都有讲究。

(1) 甲方不明确情况，可以将一些相关资料和报告提交并写明在项目特征里。

(2) 如果参照标准图集，则应清楚写出引用的图集号，并列出图集的详细内容，以方便后期核对及结算。

工程量清单描述.mp4

(3) 图纸上有相应做法的，需要在清单的特征处把该种做法的图纸出处进行说明。

(4) 安装专业给排水清单的特点是：除管径不同外，其余全部一样。建议在最前面列一标题把清单共性描述在一起，后面再分别列项，仅标注管径。这样描述可以看起来非常直观和清晰。

3. 保证工程量计算准确的做法

两批人算量：这种方式人力要求比较高，但速度快，结果也比较准确。

(1) 大数复算：一般工程算量都由若干人分工协作，因此可以在完成算量后进行交叉检查，分别核对对方算量中主要的工程量，如果差异较多，再进行详细核对。

(2) 指标检查：工程量之间都会有一定的逻辑关系，存在一定的指数范围，可以利用这些指数范围来核对计算结果是否有偏差，如果超出范围，需要进行仔细核对。

(3) 重算合同：对于图纸还不到位的项目，一般建议甲方实行暂定工程量的方式，投标时以评比综合单价为主，中标后再重新计算工程量，签订最终合同。这种方式适用于项目图纸不全，但有过类似项目，清单描述基本没问题的工程。

4. 如何提高工程量清单编制质量

实行工程量清单计价后对工程量清单的质量要求和工程量计算的准确性要求更高，因为工程量清单质量低劣、计算不准确，会给招、投标双方带来不必要的风险和纠纷。

(1) 熟悉《计价规范》内容，避免重项、漏项。

在工程量计算过程中，首先应做到不重项、漏项，因为重项、漏项会加大招标人的工程量风险，使工程造价难以控制。

(2) 准确进行特征描述。

特征描述不清楚是目前工程量清单编制中比较典型的问题，应引起清单编制人员的重视，因为特征描述不清容易引起理解上的差异，造成投标企业报价时不必要的失误，影响招标的工作质量。特征描述不清楚除了投标企业报价不准外，还可能埋下争议和索赔的隐患。

(3) 掌握工程量清单的编制原则。

工程量清单应当依据招标文件，施工设计图纸，施工现场条件，各种操作规范、标准和《计价规范》进行编制，编制过程应遵循"四统一"原则。

(4) 正确计算工程量。

工程量计算是工程量清单编制工作的主要内容，工程量计算的准确性直接影响到清单的质量，因此，清单编制人员应认真、细致计算工程量。

(5) 认真校核工程量清单。

工程量清单编制完成后，除编制人要反复校核外，还必须有其他人审核。工程量清单校核的内容主要有：清单项目是否有重项、漏项，项目特征描述是否清楚，工程量计算是否正确。

(6) 提高设计文件深度。

图纸设计深度是影响工程量清单编制质量的一个重要原因。设计深度不够，会使项目设置不准确和特征描述不清楚，因此，要提高清单编制质量，还应从提高设计文件的质量方面入手，设计文件应能满足工程量清单计价的需要。

【**案例 2-2**】 某公司以 1300 万元的报价中标一直埋热力管道工程,并于收到中标通知书 50 天后,接到建设单位签订工程合同的通知。招标书确定工期为 150 天,建设单位以采暖期临近为由,要求该公司即刻进场施工并要求在 90 天内完成该项工程。该工程采用清单计价,请结合自身所学的相关知识,简述清单应如何编制。

5. 避免编制工程量清单时的漏项、错误

作为工程量清单的编制主体——甲方和中介咨询单位,需要认真对待,严格要求,提高工程量清单的编制水平。如何保证清单工程量没有重大漏项或出错是甲方、中介咨询单位工程造价专业工作者面临的一项十分重要的任务。

(1) 工程量计算要准确无误。

要想保证工程量清单的编制准确,工程量的计算至关重要。一定要按照《计价规范》规定的工程量计算规则计算,计算实体工程数量的净值,不考虑各种损耗,并且宁少勿多。

(2) 项目特征描述要准确、全面,没有歧义。

工程量清单的编制项目特征描述特别关键,项目特征描述一定要准确、全面,没有歧义,满足确定综合单价的需要。

(3) 专业工程划分要明确。

不同的专业工程,适用不同的清单项目,相应的造价也不同,这是最容易引发工程量清单编制错误的环节之一。这类项目主要出现在安装类工程中,极易引起混淆。

(4) 不要忘记非实体项目。

非实体项目主要是措施项目,是指为了完成拟建工程项目的施工,必须发生的技术、生活、安全、环境保护等方面的项目。

(5) 通过与类似工程对比,寻找差异。

工程量清单编制人员对所编清单没有完全把握时,可以结合类似工程实例进行对比,通过逐条的对比很容易发现其中的漏项、错项,能够快速地解决问题。这是检查编制工程量清单的最佳途径之一,在实践中运用广泛。

(6) 全面兼顾、从源头抓起。

工程量清单的编制人员要结合项目目的要求、设计原则、设计标准、质量标准、工程项目内外条件,及相关资料和信息全面兼顾进行,不能仅仅依靠施工图进行编制,还应分析研究施工组织设计、施工方案,只有这样才能避免由于图纸设计与实际要求不吻合造成的设计变更。

6. 提高工程量清单编制准确性的措施

(1) 依据《计价规范》编制项目工程量清单。

工程项目的工程量清单应按《计价规范》附录中的 A～F 分别编制工程量清单并遵循相应的项目划分及计算规则。

(2) 编制工程量清单应遵循客观、公正、公平的原则,保证其科学合理性。

编制人员首先应具有执业资格和良好的职业道德,并严格依据设计图纸和有关资料、现行计价规范和有关文件及建筑工程技术规程和规范进行编制,避免人为抬高或压低工程量,以保证清单工程量的客观公正性和科学合理性。

(3) 合理安排工程量的计算顺序。

① 按施工先后顺序计算；

② 按清单编码顺序计算；

③ 按轴线编号顺序计算工程量。

(4) 合理划分工程量清单项目子目。

合理划分工程量清单项目是为了保证工程实物量的准确性。如果采用全费用单价，则应按形成一个独立的构件归并成一个项目子目，以形成构件的工作内容确定项目子目的工作内容。

(5) 认真进行工程量清单复核。

① 计算人员集体清图、复核；

② 技术经济指标法；

③ 分组计算复核法；

④ 与概算比较，进行绝对值复核；

⑤ 利用工程量清单计价软件。

(6) 其他影响工程量清单准确性因素的应对措施。

① 设计修改与变更的应对措施。

工程量清单的编制人员要深入施工现场踏勘，准确掌握现场情况及周边环境，这些都是决定清单项目特征的重要因素，如涉及余土外运的弃土运距等。同时，也为措施项目清单的编制提供基础数据和资料。

② 合理补充各专业缺项清单项目。

工程造价人员应与有关专业设计、施工人员共同研究，确定科学的施工方法及施工工序，合理补充各专业缺项子目，避免因不了解新工艺、新技术、新材料、新结构和不了解具体的施工工序和施工方法而随意补充缺项子目。

2.4　清　单　计　价

2.4.1　分部分项工程费的构成内容

1. 人工费

人工费是指应列入计价表的直接从事安装工程施工工人(包括现场内水平、垂直运输等辅助工人)和附属辅助生产单位(非独立经济核算单位)工人的基本工资、工资性津贴、流动施工津贴、房租补贴、职工福利费、劳动保护费。

人工费.mp4

2. 材料费

材料费是指应列入计价表的材料、构件和半成品材料的用量以及周转材料的摊销量乘以相应的预算价格计算的费用。

【案例 2-3】　某市从市区修建一条至科技园区的给水管道，该给水管道直径 600mm，长 3000m，管材为球墨铸铁管，由建设方供货到场。给水管道下穿现状公路采用混凝土套管顶进施工，混凝土套管直径 1200mm，采用手掘式顶管法施工将套管顶进到位。请结合自身所学的相关知识，试根据本案例的相关数据及相关定额确定修建水管所需要的费用。

3. 机械费

机械费是指应列入计价表的施工机械台班消耗量按相应的施工机械台班单价计算工程施工机械使用费、施工机械安拆和进(退)场费。施工机械台班费构成如下。

① 折旧费：指施工机械在规定的使用期限内，陆续收回其原值及购置资金的时间价值。

② 大修理费：指施工机械按规定的大修理间隔台班进行必要的大修理，以恢复其正常功能所需的费用。

③ 经常修理费：指施工机械除大修理以外的各级保养和临时故障排除所需的费用。包括为保障机械正常运转所需替换设备和随机配备工具附具的摊销和维护费用，机械运转及日常保养所需润滑与擦拭的材料费用及机械停滞期间的维护和保养费用等。

④ 安拆费及场外运输费：安拆费，指施工机械在现场进行安装与拆卸所需的人工、材料、机械和试运转费用以及机械辅助设施的折旧、搭设、拆除等费用。场外运输费，指施工机械整体或分体自停放地点运至施工现场或由一施工地点运至另一施工地点的运输、装卸、辅助材料及架线等费用。

⑤ 人工费：指机上司机(司炉)和其他操作人员的工作日人工费及上述人员在施工机械规定的年工作台班以外的人工费。

⑥ 燃料动力费：指施工机械在运转作业中所耗用的固体燃料(煤、木柴)、液体燃料(汽油、柴油)及水、电等费用。

⑦ 其他费用：指施工机械按照国家和有关部门规定应交纳的养路费、车船使用税、保险费及年检费用等。

4. 企业管理费

企业管理费是指建筑安装企业组织施工生产和经营管理所需的费用。内容如下。

管理费.mp4

(1) 管理人员的基本工资、工资性津贴、流动施工津贴、房租补贴、职工福利费、劳动保护费。

(2) 差旅交通费：指企业职工因公出差、工作调动的差旅费，住勤补助费，市内交通费和误餐补助费，职工探亲路费，劳动力招募费，离退休职工一次性路费及交通工具油料、燃料、牌照、养路费等。

(3) 办公费：指企业办公用文具、纸张、账表、印刷、邮电、书报、会议、水、电、燃煤、燃气等费用。

(4) 固定资产折旧、修理费：指企业属于固定资产的房屋、设备、仪器等的折旧及维修费用。

(5) 低值易耗品摊销费：指企业管理使用不属于固定资产的工具、用具、家具、交通工具、检验、试验、消防等的摊销及维修费用。

(6) 工会经费及职工教育经费：工会经费是指企业为开展工会活动执行国家规定按职工工资总额计提的费用；职工教育经费是指企业为职工学习先进技术和提高文化水平按职工工资总额计提的费用。

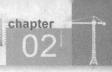

（7）职工待业保险费：指按规定标准计提的职工待业保险费用。

（8）保险费：指企业财产保险、管理用车辆等保险费用。

（9）税金：指企业按规定交纳的房产税、车船使用税、土地使用税、印花税等。

（10）其他：包括技术转让费、技术开发费、业务招待费、绿化费、广告费、公证费、法律顾问费、审计费、咨询费、联防费等。

5. 利润

利润是指按国家规定应计入安装工程造价的利润。

2.4.2　措施项目费

1. 环境保护费

环境保护费是指正常施工条件下，环保部门根据施工单位的噪音、扬尘、排污等情况按规定向施工单位收取的相关费用。

2. 现场安全文明施工措施费

现场安全文明施工措施费是指工程施工期间为满足安全生产、文明施工、职工健康生活的要求所发生的费用。

措施项目费.mp4

3. 临时设施费

临时设施费是指施工单位为进行安装工程施工所必须搭建的生产和生活用的临时建筑物、构筑物和其他临时设施等费用。

临时设施费内容包括：临时设施的搭设、维修、拆除、摊销等费用。

4. 夜间施工增加费

夜间施工增加费是指规范、规程要求正常作业而发生的照明设施、夜餐补助和工效降低等费用。根据工程实际情况，亦可由发承包双方在合同中约定。

5. 二次搬运费

二次搬运费是指因施工场地狭小而发生的二次搬运所需费用。材料不能直接上山的工程所发生的二次搬运费另行处理。

6. 大型机械设备进出场及安拆费

大型机械设备进出场及安拆费是指机械整体或分体自停放场地转至施工场地，或由一个施工地点运至另一个施工地点所发生的机械安装、拆卸和进(退)场运输转移费用。

7. 混凝土、钢筋混凝土模板及支架费

混凝土、钢筋混凝土模板及支架费指模板及支架制作、安装、拆除、维护、运输、周转材料摊销等费用。

8. 脚手架费

脚手架费指脚手架搭设、加固、拆除、周转材料摊销等费用。

9. 已完工程及设备保护费

已完工程及设备保护费是指对已施工完成的工程和设备采取保护措施所发生的费用。已完工程及设备保护应根据工程实际情况确定。

10. 施工排水、降水费

施工排水、降水费是指施工过程中发生的排水、降水费用。

11. 垂直运输机械费

垂直运输机械费是指完成单位工程全部项目所需的垂直运输机械台班费用。垂直运输机械费按相关章节项目内容计算。

12. 超高措施增加费

定额规定的高度根据各专业工程特点的不同而不同，如电气设备安装工程中规定的高度为 5m，给排水、采暖、燃气工程规定的高度均为 3.6m，通风空调工程规定的高度为 6m。

13. 室内空气污染测试费

室内空气污染测试费是指对室内空气相关参数进行检测发生的人工和检测设备的摊销等费用。室内空气污染测试费应根据工程实际情况加以确定。

14. 特殊条件下施工增加费

(1) 地下不明障碍物及铁路、航空、航运等交通干扰而发生的施工降效费用。

(2) 在有毒有害气体和有放射性物质区域范围内的施工人员的保健费，与建设单位职工享受同等特殊保健津贴。享受人数根据现场实际完成的工程量(区域外加工的制品不应计入)的计价表耗工数，并加计 10%的现场管理人员的人工数确定。

特殊条件下施工增加费应根据工程实际情况，由发承包双方在合同中约定。

2.4.3 其他项目费

1. 总承包服务费

总承包是指对安装工程的勘察、设计、施工、设备采购进行全过程承包的行为，是建设项目从立项开始至竣工投产全过程承包的"交钥匙"方式。对于建设单位单独分包的工程，总包单位与分包单位的配合费按工程总造价的 3%～5%计算，由建设单位、总包单位和分包单位在合同中明确。总包单位自行分包的工程所需的总包管理费由总包单位和分包单位自行解决。

其他项目费.mp4

2. 预留金

预留金是指招标人为可能发生的工程量变更而预留的金额。

3. 零星工作项目费

零星工作项目费是指为完成招标人提出的、工程量暂估的零星工作所需的费用。

2.4.4　规费及税金

1. 规费

规费是指按国家法律、法规规定，由省级政府和省级有关权力部门规定必须缴纳或计取的费用。

规费.mp4

(1) 社会保险费。

① 养老保险费：是指企业按照规定标准为职工缴纳的基本养老保险费。

② 失业保险费：是指企业按照规定标准为职工缴纳的失业保险费。

③ 医疗保险费：是指企业按照规定标准为职工缴纳的基本医疗保险费。

④ 生育保险费：是指企业按照规定标准为职工缴纳的生育保险费。

⑤ 工伤保险费：是指企业按照规定标准为职工缴纳的工伤保险费。

(2) 住房公积金：是指企业按规定标准为职工缴纳的住房公积金。

(3) 工程排污费：是指按规定缴纳的施工现场工程排污费。

其他应列而未列入的规费，按实际发生计取。

2. 税金

税金是指国家税法规定的应计入安装工程造价内的营业税、城市维护建设税及教育费附加。税金按各市规定的税率计算，计算基础为不含税工程造价。

本 章 小 结

通过本章的学习，学生们掌握了安装工程工程量清单计量与计价概述；了解了工程量清单基本概念、规定、目的和意义；熟悉了清单计价规范；掌握了清单的编制和清单计价等。为以后的学习和工作打下了坚实的基础。

实 训 练 习

一、单选题

1. 建筑物外有围护结构的阳台，其建筑面积按(　　)。

  A. 水平面积计算

  B. 围护结构外围水平面积的一半计算

  C. 水平投影面积计算

  D. 按围护结构外围水平面积计算

2. 一个学校中的教学楼工程是一个(　　)。
　　A. 建设项目　　　　B. 单项工程　　　　C. 单位工程　　　　D. 分部工程
3. 计算一个建设项目的(　　)是"三算"对比的基础。
　　A. 投资估算　　　　　　　　　　　B. 设计概算
　　C. 施工图预算　　　　　　　　　　D. 施工预算
4. 建筑企业广告费属于下列(　　)费用。
　　A. 财务费　　　　　　　　　　　　B. 其他直接费用
　　C. 企业管理费　　　　　　　　　　D. 现场经费
5. (　　)费用，企业可以自定。
　　A. 规费　　　　　　　　　　　　　B. 安全文明施工费
　　C. 劳动保险费　　　　　　　　　　D. 利润
6. 初步设计方案通过后，在此基础上进行施工图设计，并编制(　　)。
　　A. 初步设计概算　　　　　　　　　B. 修正概算
　　C. 施工预算　　　　　　　　　　　D. 施工图预算

二、多选题

1. 直接工程费的组成包括(　　)。
　　A. 直接费　　　　B. 其他直接费　　　C. 现场经费　　　D. 间接费　　　E. 税金
2. 综合单价包括(　　)。
　　A. 规费　　　　　B. 人工费　　　　　C. 管理费　　　　D. 利润　　　　E. 税金
3. 下列各项不计算建筑面积的有(　　)。
　　A. 台阶　　　　　　　　　　　　　B. 附墙柱
　　C. 小于 300mm 宽的变形缝　　　　D. 宽度小于 2.1m 的雨篷
　　E. 宽度大于 2.1m 的雨篷
4. 按建筑物自然层计算建筑面积的有(　　)。
　　A. 变形缝　　　　B. 电梯井　　　　C. 垃圾道　　　　D. 管道井　　　E. 后浇带
5. "两算"对比中的"两算"是指(　　)。
　　A. 设计概算　　　B. 施工预算　　　C. 综合预算
　　D. 施工图预算　　E. 概算指标
6. 税金由(　　)组成。
　　A. 营业税　　　　　　　B. 城市维护建设税
　　C. 教育费附加　　　D. 材差　　　E. 料差

三、问答题

1. 简述实行工程量清单计价的目的和意义。
2. 《计价规范》有什么特点？
3. 什么叫超高措施增加费？

第 2 章习题答案.pdf

实训工作单一

班级		姓名		日期	
教学项目		安装工程工程量清单计量计价概述			
任务	工程量清单计价概述	学习途径	本书中的案例分析，自行查找相关书籍		
学习目标		掌握工程量清单计价的概念，了解工程量清单计价的基本规定和目的、意义			
学习要点					
学习查阅记录					
评语				指导老师	

实训工作单二

班级		姓名		日期	
教学项目		安装工程工程量清单计量计价概述			
任务	如何编制清单及清单计价	学习途径	本书中的案例分析，自行查找相关书籍		
学习目标		掌握如何编制清单及清单计价，重点是熟练掌握清单计价			
学习要点					
学习查阅记录					
评语				指导老师	

机械设备
安装工程.pptx

机械设备安装工程.pdf

第3章 机械设备安装工程

03

【学习目标】

- 了解机械设备安装工程概述。
- 掌握机械设备安装工程工程量清单计量。
- 掌握机械设备安装工程工程量清单计价。

【教学要求】

本章要点	掌握层次	相关知识点
机械设备安装工程概述	了解机械设备安装工程概述	机械设备安装工程概述基本知识
机械设备安装工程工程量清单计量	掌握机械设备安装工程工程量清单计量	机械设备安装工程工程量清单计量
机械设备安装工程工程量清单计价	掌握机械设备安装工程工程量清单计价	机械设备安装工程工程量清单计价

【项目案例导入】

　　某城市热力管道工程，施工单位根据设计单位提供的平面控制网点和城市水准网点按照支线、支干线、主干线的次序进行了施工定线测量后，用纤维卷尺丈量定位固定支架、补偿器、阀门等的位置。在热力管道实施焊接前，根据焊接工艺试验结果编写了焊接工艺方案，采用电渣压力焊，并按该工艺方案实施焊接，在焊接过程中，焊接纵向焊缝的端部采用定位焊，焊接温度在-10℃以下时，应先进行预热后再焊接，焊缝部位的焊渣在焊缝未完全冷却之前敲打除去。在焊接质量检验过程中，发现有不合格的焊接部位，经过2次返修后应达到质量要求标准。

![齿轮图标]【项目问题导入】

请结合自身所学的知识，试根据相关定额计算一台电渣压力焊人、材、机消耗量，并简述电渣压力焊平时的质量保养措施。

3.1 机械设备安装工程概述

1. 泵的分类和性能

1) 泵的分类

泵是用途较广泛的机械设备，如图 3-1 所示。一般可分为切削泵、压缩机等，设备的性能一般以其参数来考虑。输送设备、切削设备、锻压设备、铸造设备主要用来输送流体或混合流体，包括液体、气体、气液混合物、固液混合物以及气固液三相混合物的机械设备。泵的种类很多，其分类方法也很多。

泵的分类.mp4

图 3-1 泵

离心泵.avi

(1) 按照泵设备安装工程类别划分，根据《建设工程分类标准》(GB/T50841—2013)，可分为：离心式泵、旋涡泵、电动往复泵、柱塞泵、蒸汽往复泵、计量泵、螺杆泵、齿轮油泵、真空泵、屏蔽泵、简易移动潜水泵等。其中离心泵效率高，结构简单，适用范围最广。

(2) 根据泵的工作原理和结构形式可分为：容积式泵、叶轮式泵。

① 容积式泵。靠工作部件的运动造成工作容积周期性地增大和缩小而吸排物料，并靠工作部件的挤压而直接使物料的压力能增加。根据运动部件运动方式的不同分为往复泵和回转泵两类，往复泵有活塞泵、柱塞泵和隔膜泵等；回转泵有齿轮泵、螺杆泵和叶片泵等。

② 叶轮式泵。叶轮式泵是靠叶轮带动液体高速回转而把机械能传递给所输送的物料。根据泵的叶轮和流道结构特点的不同，叶轮式泵分为离心泵、轴流泵、混流泵和旋涡泵等。

(3) 按泵轴位置可分为：立式泵、卧式泵。

(4) 按吸口数目可分为：单吸泵、双吸泵。

(5) 按驱动泵的原动机可分为：电动泵、汽轮机泵、柴油机泵、气动隔膜泵等。

2) 泵的性能

(1) 泵的性能参数主要有流量和扬程，此外还有轴功率、转速、效率和必需汽蚀余量。流量是指单位时间内通过泵出口输出的液体量，一般采用体积流量。扬程是单位重量输送液体从泵入口至出口的能量增量，对于容积式泵，能量增量主要体现在压力能增加上，通常以压力增量代替扬程来表示。泵的效率不是一个独立性能参数，它可以由别的性能参数(例如流量、扬程和轴功率)按公式计算求得。

(2) 泵的各个性能参数之间存在着一定的相互依赖变化关系，并用特性曲线来表示。每一台泵都有特定的特性曲线，由泵制造厂提供。通常在工厂给出的特性曲线上还标明推荐使用的性能区段，称为泵的工作范围。选择和使用泵，应使泵的工作点落在工作范围内。同一台泵输送黏度不同的液体时，其特性曲线也会改变。对于动力式泵，随着液体黏度增大，扬程和效率降低，轴功率增大，所以工业上有时将黏度大的液体加热使其黏性变小，以提高输送效率。例如，一幢 30 层的高层建筑，其消防水泵的扬程应在 130m 以上。

2. 风机的分类和性能

1) 风机的分类

(1) 按照《建设工程分类标准》(GB/T50841—2013)中风机设备安装工程类别划分，可分为：离心式通风机、离心式引风机、轴流通风机、回转式鼓风机、离心式鼓风机，如图 3-2 所示为通风机示意图。

风机的分类.mp4

图 3-2　通风机

通风机.avi

(2) 按照气体在旋转叶轮内部流动方向划分，可分为：离心式风机、轴流式风机、混流式风机。

(3) 按结构形式划分，可分为：单级风机、多级风机。

(4) 按照排气压强的不同划分，可分为：通风机、鼓风机、压气机。

2) 风机的性能

风机的性能参数主要有流量、压力、功率、效率和转速，另外，噪声和振动的大小也是风机的指标。流量也称风量，以单位时间内流经风机的气体体积表示；压力也称风压，是指气体在风机内的压力升高值，有静压、动压和全压之分；功率是指风机的输入功率，即轴功率。风机有效功率与轴功率之比称为效率。风机全压效率可达 90%。

风机性能.mp4

【案例 3-1】　某安装工程公司生产任务不足，导致人员机械大量闲置，企业亏损。现一从事食品加工的公司投资建设生产厂房，并计划在国内多个地区设置分厂。安装公司决定进行投标，而此次投标单位较多，竞争对手力量较强。但该安装公司经调整投标策略，击败所有对手获得中标机会，并签订合同。合同约定工期 6 个月，工期惩罚额为 3000 元／天，采用固定总价合同，工程保修期为一年。该工程于 2003 年 3 月 8 日正式开工。

在施工过程中，因设计变更使得安装公司原已采购通风空调不符合设计要求。

次年 2 月，食品加工公司在使用时发现质量问题，该公司要求安装公司进行修理，但安装公司认为工程未经验收而提前使用，按合同规定，出现质量问题应由业主自行承担责任，因而拒绝修理。结合自身所学的相关知识，试分析通风空调的分类和性能有哪些？

3. 压缩机的分类和性能

1) 压缩机的分类

压缩机是一种压缩气体体积并提高气体压力或输送气体的机器。各种压缩机都属于动力机械，能将气体体积缩小，压力增高，具有一定的动能，可作为机械动力或其他用途，如图 3-3 所示。

压缩机.avi

图 3-3　压缩机

(1) 按照《建设工程分类标准》(GB/T50841—2013)中风机设备安装工程类别划分，可分为：活塞式压缩机、回转式螺杆压缩机、离心式压缩机(电动机驱动)等。

(2) 按所压缩的气体不同，压缩机可分为空气压缩机、氧气压缩机、氨压缩机、天然气压缩机。

(3) 按照压缩气体方式可分为：容积式压缩机和动力式压缩机两大类。按结构形式和工作原理，容积式压缩机可分为往复式(活塞式、膜式)压缩机和回转式(滑片式、螺杆式、转子式)压缩机；动力式压缩机可分为轴流式压缩机、离心式压缩机和混流式压缩机。

(4) 按压缩次数可分为：单级压缩机、两级压缩机、多级压缩机。

(5) 按气缸的布置方式可分为：立式压缩机、卧式压缩机、L 型压缩机、V 型压缩机、W 型压缩机、扇形压缩机、M 型压缩机、H 型压缩机。

(6) 按气缸的排列方法可分为：串联式压缩机、并列式压缩机、复式压缩机、对称平衡式压缩机。

(7) 按压缩机的排气最终压力可分为：低压压缩机、中压压缩机、高压压缩机、超高压压缩机。

(8) 压缩机还可按压缩机排气量的大小划分，按传动种类划分，按润滑方式划分，按冷却方式划分，按动力机与压缩机传动方法划分，离心式压缩机按总体结构划分等。

压缩机的性能.mp4

2) 压缩机的性能

压缩机的性能参数主要包括容积、流量、吸气压力、排气压力、工作效率、输入功率、输出功率、性能系数、噪声等。

4. 输送设备的分类和性能

1) 输送设备的分类

输送设备通常按有无牵引件(链、绳、带)分为：

(1) 具有挠性牵引件的输送设备，有带式输送机、链板输送机、刮板输送机、埋刮板输送机、小车输送机、悬挂输送机、斗式提升机等。其工作特点是把物品置于承载件上，由挠性牵引件搬运承载件沿着固定的线路运动，靠物品和承载件的摩擦力使物品与牵引件在工作区段上一起移动，如图 3-4 所示。

(2) 无挠性牵引件的输送设备，有螺旋输送机、滚柱输送机、气力输送机等。其工作特点是物品与推动件分别运动。推动件作旋转运动(滚子输送机)或往复运动(振动输送机)时，依靠物品与承载件间的摩擦力或惯性力，使物品向前运动，而推动件自身仍保持或回复到原来位置，如图 3-5 所示。

挠性牵引件的
输送设备.avi

斗式提升机.mp4

图 3-4　具有挠性牵引件的输送设备

图 3-5　无挠性牵引件的输送设备

【案例 3-2】　某机电安装公司承接了一条汽车生产线安装工程，工作内容有：冲压线、车架线、车身焊装线、总装配线、油漆线以及上述车间的公用设施、空压站、锅炉房、悬挂输送机等，合同工期为 12 个月。结合自身所学的相关知识，试分析悬挂输送机的分类和性能有哪些？

非挠性的传送设备.avi

2) 输送设备的性能

(1) 连续输送设备只能沿着一定路线向一个方向连续输送物料，可进行水平、倾斜和垂直输送，也可组成空间输送线路。输送设备输送能力大、运距长、设备简单、操作简便、生产率高，还可在输送过程中同时完成若干工艺操作。

(2) 连续输送机械的主要参数包括输送能力、线路布置(水平运距、提升高度等)、输送速度、主要工作部件的特征尺寸及驱动功率等。

5. 切削机床的分类和性能

1) 切削机床的分类

切削机床是切削设备的一个类别。

(1) 按加工方法和所用刀具进行分类，是机床主要的分类方法。根据国家制定的机床型号编制方法，机床划分为 12 类：车床、铣床、钻床、镗床、磨床、齿轮加工机床、螺纹加工机床、刨床、插床、拉床、锯床及其他机床。在每一类机床中，又按工艺范围、布局形式和结构等分为组，每一组又细分为若干系(系列)。

(2) 按质量和尺寸，同类型机床可分为仪表机床、中小型机床、大型机床、重型机床、超重型机床。

(3) 按工作精度，同类型机床可分为普通精度机床、精密机床和高精密机床。

(4) 按通用性程度，同类型机床可分为以下三种：

① 通用机床：用于加工多种零件的不同工序，加工范围较广，通用性较大，但结构比较复杂。这种机床主要适用于单件小批量生产，如卧式车床、万能外圆磨床、万能升降台铣床等，如图 3-6 所示。

② 专门化机床：工艺范围较窄，只能用于加工某一类(或少数几类)零件的某一道或少数几道特定工序，如曲轴车床、凸轮车床、螺旋桨铣床等，如图 3-7 所示。

万能外圆磨床.avi

图 3-6　通用机床

图 3-7　曲轴车床

③ 专用机床：工艺范围最窄，一般是专门为某一种零件的某一道特定工序加工。适用于大批量生产，如汽车、拖拉机制造中广泛适用的各种钻、镗组合机床、加工中心等，如图 3-8 所示。

图 3-8　专用机床

(5) 按自动化程度，可分为手动、机动、半自动和自动机床。调整好后无须工人参与便能完成自动工作循环的机床称为自动机床；若装卸工件仍需人工进行，能完成半自动工作循环的机床称为半自动机床。

2) 金属切削机床的性能

金属切削机床的技术性能由加工精度和生产效率评价。加工精度包括被加工工件的尺寸精度、形状精度、位置精度、表面质量和机床的精度保持性。生产效率涉及切削加工时间和辅助时间以及机床的自动化程度和工作可靠性。这些指标取决于机床的静态几何精度和刚度等静态特性，且包括机床的运动精度、动刚度、热变形和噪声等的动态特性。如图 3-9 所示。

图 3-9　金属切削机床

金属切削机床.avi

【案例 3-3】　在施工过程中，监理工程师发现施工单位金属切削机床存在质量隐患，为此，总监向施工单位发出了整改通知。施工单位就金属切削机床质量隐患进行了质量整改，请结合自身所学的相关知识，试简述金属切削机床的分类及性能。

压力机.avi

6. 锻压设备的分类和性能

1) 锻压设备的分类

按照《建设工程分类标准》(GB/T50841—2013)中锻压设备安装工程类别划分，可分为：机械压力机、液压机、自动锻压机、锻锤、剪切机、弯曲校正机、锻造水压机等，如图 4-10 所示。

(1) 机械压力机是用机械传动，工作精度高、操作条件好、生产效率高，易于实现机械化、自动化，适用于在自动线上工作。

(2) 液压机是以高压液体(油、乳化液、水等)传送工作压力的锻压机械。液压机的行程是可变的，能够在任意位置发出最大的工作力。液压机工作平稳，没有振动，容易达到较大的锻造深度，最适合于大锻件的锻造和大规格板材的拉伸、打包和压块等工作。液压机主要包括水压机和油压机两大类：水压机产生的总压力较大，常用于锻造和冲压。锻造水压机又分为模锻水压机和自由锻水压机两种，模锻水压机要用模具，自由锻水压机不用模具。液压机按结构形式主要分为：四柱式、单柱式(C 型)、卧式、立式框架等。某些弯曲、矫正、剪切机也属于液压机一类。

图 3-10　锻压设备

(3) 锻锤是由重锤落下或强迫高速运动产生的动能，对坯料做功，使之塑性变形的机械，适用于自由锻和模锻，但振动较大，较难实现自动化生产。

2) 锻压设备的性能

锻压设备的基本特点是压力大，故多为重型设备，通过对金属施加压力使其成形，有一定加工精度要求。锻压设备上设有安全防护装置，以保障设备和人身安全。我国有世界上最大、最先进的自动控制 8 万 t 模锻压力机。

7. 铸造设备的分类和性能

1) 铸造设备的分类

(1) 按照《建设工程分类标准》(GB/T50841—2013)中铸造设备安装工程类别划分，可分为：砂处理设备、造型设备、造芯设备、落砂设备、清理设备、金属型铸造设备、材料准备设备、抛丸设备、铸铁平台等。如图 3-11 所示。

铸造设备.avi

(2) 按造型方法分类，可分为：普通砂型铸造设备和特种铸造设备。普通砂型铸造设备包括湿砂型、干砂型、化学硬化砂型铸造设备三类。特种铸造设备按造型材料又可分为两大类：一类以天然矿产砂石作为主要造型材料，如熔模铸造、壳型铸造、负压铸造、泥型铸造、实型铸造、陶瓷型铸造设备等；一类以金属作为主要铸型材料，如金属型铸造、离心铸造、连续铸造、压力铸造、低压铸造设备等。

图 3-11　铸造设备

2) 铸造设备的性能

铸造设备可将熔炼成符合一定要求的金属液体，浇进铸型里，经冷却凝固、清整处理后，形成预定形状、尺寸和性能的铸件。

3.2　机械设备安装工程工程量清单计量

1. 说明

(1) 机械设备安装工程除另有说明外，均以"台"为计量单位，以设备重量"t"划分项目。设备重量均以设备的铭牌重量为准；如无铭牌重量的，则以产品目录、样本、说明书所注的设备净重量为准。

说明.mp4

(2) 计算设备重量时，除另有规定外，应按设备本体及联体的平台、梯子、栏杆、支架、屏盘、电机、安全罩和设备本体第一个法兰(如图 3-12 所示)以内的管道等全部重量计算。

切削设备安装.mp4

图 3-12　法兰

2. 切削设备安装

(1) 金属切削设备安装以"台"为计量单位，以设备重量"t"分列项目。

(2) 气动踢木器以"台"为计量单位，按单面卸木和双面卸木分列项目。

(3) 带锯机保护罩制作与安装以"个"为计量单位，按规格分列项目。

3. 锻压设备安装

(1) 空气锤、模锻锤、自由锻锤及蒸汽锤以"台"为计量单位，按落锤重量(kg 以内或 t 以内)分列项目。

(2) 锻造水压机以"台"为计量单位，按水压机公称压力"t"分列项目。

锻压设备安装.mp4

4. 铸造设备安装

(1) 制造设备中抛丸清理室的安装，以"室"为计量单位，以室所含设备重量"t"分列项目，计算设备重量时应包括抛丸机(如图 3-13 所示)、回转台、斗式提升机、螺旋输送机、电动小车及框架、平台、梯子、栏杆、漏斗、漏管等金属结构件的总重量。

图 3-13　抛丸机

空气锤.avi

锻造设备安装.mp4

(2) 铸铁平台安装以"t"为计量单位，按方型平台或铸梁式平台的安装方式(安装在基础上或支架上)及安装时灌浆与不灌浆分列项目。

5. 输送设备安装

(1) 斗式提升机以"台"为计量单位，按提升机型号及提升高度分列项目。

（2）刮板输送机以"组"为计量单位，按输送长度除以双驱动装置组数及槽宽分列项目。

（3）板式(裙式)以"台"为计量单位，按链轮中心距和链板宽度分列项目。

（4）螺旋输送机以"台"为计量单位，按公称直径和机身长度分列项目。

风机、泵安装.mp4

（5）悬挂式输送机以"台"为计量单位，按驱动装置、转向装置、拉紧装置和重量分列项目。

（6）链条安装以"m"为计量单位，按链片式、链板式、链环式、试运转、抓取器分列项目。

（7）固定式胶带输送机以"台"为计量单位，按带宽和输送长度分列项目。

（8）卸矿车及皮带称以"台"为计量单位，按带宽分列项目。

6. 风机、泵安装

（1）风机、泵安装以"台"为计量单位，以设备重量"t"分列项目。在计算设备重量时，直联式风机、泵，以本体及电机、底座的总重量计算；非直联式的风机和泵，以本体和底座的总重量计算，不包括电动机重量。直联式、非直联式安装均已包括电动机安装，不再另计。

（2）深井泵的设备重量以本体、电动机、底座及设备扬水管的总重量计算。

（3）DB 型高硅铁离心泵以"台"为计量单位，按不同设备型号分列项目。

7. 压缩机安装

（1）压缩机安装以"台"为计量单位，以设备重量"t"分列项目。在计算设备重量时，按不同型号分别计算。

（2）活塞式 V、W、S 型压缩机及压缩机组的设备重量，按同一底座上的主机、电动机、仪表盘及附件、底座等的总重量计算。

（3）活塞式 L 型及 Z 型压缩机、螺杆式压缩机、离心式压缩机，不包括电动机等动力机械的重量，电动机应另执行电动机安装项目。

（4）活塞式 D、M、H 型对称平衡压缩机的设备重量，按主机、电动机及随主机到货的附属设备的总重量计算，不包括附属设备的安装，附属设备的安装应按相应项目另行计算。

3.3 机械设备安装工程工程量清单计价

本节以下所有清单计价表详见二维码。

1. 泵安装

泵安装工程量清单项目设置、项目特征描述的内容、计量单位及工程量计算规则，应按二维码中的表 3-1 的规定执行。

拓展资源.pdf

2. 风机安装

风机安装工程量清单项目设置、项目特征描述的内容、计量单位及工程量计算规则，应按二维码中的表 3-2 的规定执行。

3. 压缩机安装

压缩机安装工程量清单项目设置、项目特征描述的内容、计量单位及工程量计算规则，应按二维码中的表 3-3 的规定执行。

4. 输送设备安装

输送设备安装工程量清单项目设置、项目特征描述的内容、计量单位及工程量计算规则，应按二维码中的表 3-4 的规定执行。

5. 切削设备安装

切削设备安装工程量清单项目设置、项目特征描述的内容、计量单位及工程量计算规则，应按二维码中的表 3-5 的规定执行。

锻压设备安装工程量清单项目设置、项目特征描述的内容、计量单位及工程量计算规则，应按二维码中的表 3-6 的规定执行。

6. 铸造设备安装

铸造设备安装工程量清单项目设置、项目特征描述的内容、计量单位及工程量计算规则，应按二维码中的表 3-7 的规定执行。

3.4 机械设备安装工程工程量计算案例

【实训 1】 一台屋顶式通风机安装及后期的拆除检查。屋顶式通风机安装：人工费为 661.34 元/台，材料费为 11.26 元/台，管理费为 246.08 元/台，利润为 161.49 元/台，屋顶式通风机拆除：检查人工费为 139.75 元/台，材料费为 331.50 元/台，管理费为 52 元/台，利润为 34.14 元/台。求其综合单价。

【解】 1) 一台屋顶式通风机安装
(1) 人工费：661.34×1=661.34(元)
(2) 材料费：11.26×1=11.26(元)
(3) 管理费：246.08×1=246.08(元)
(4) 利润：161.49×1=161.49(元)
2) 一台屋顶式通风机拆除检查
(1) 人工费：139.75×1=139.75(元)
(2) 材料费：331.50×1=331.50(元)
(3) 管理费：52×1=52(元)
(4) 利润：34.14×1=34.14(元)

3) 综合

(1) 人工费合计：801.09(元)

(2) 材料费合计：342.76(元)

(3) 管理费合计：298.08(元)

(4) 利润合计：195.63(元)

4) 综合单价：(801.09+342.76+298.08+195.63)÷1=1637.56(元/台)

【实训 2】 两台压缩机安装及后期压缩机拆装检查，压缩机安装：人工费：1664.96元/台，材料费：189.34 元/台，管理费：619.52 元/台，利润：406.56 元/台。压缩机拆装检查：人工费：1114.76 元/台，材料费：663 元/台，管理费：89 元/台，利润：102.45 元/台。求其综合单价。

【解】 1)两台压缩机安装

(1) 人工费：1664.96×2=3329.92(元)

(2) 材料费：189.34×2=378.68(元)

(3) 管理费：619.52×2=1239.04(元)

(4) 利润：406.56×2=813.12(元)

2) 两台压缩机拆装检查

(1) 人工费：1114.76×2=2229.52(元)

(2) 材料费：663×2=1326(元)

(3) 管理费：89×2=178(元)

(4) 利润：102.45×2=204.9(元)

3) 综合

(1) 人工费合计：5559.44(元)

(2) 材料费合计：1704.68(元)

(3) 管理费合计：1417.04(元)

(4) 利润合计：1018.02(元)

4) 综合单价：(5559.44+1704.68+1417.04+1018.02)÷2=4847.82(元)

本 章 小 结

通过本章的学习，学生们主要熟悉机械设备安装工程，掌握机械设备安装清单计量与计价。为以后从事相关造价工作打下一个坚实的基础。

实 训 练 习

一、单选题

1. 液压系统中，由于运动部件高速运动时突然停止或换向将使油液的流速和方向发生急剧变化，压力骤增，引起液压冲击，造成不良后果，因此要采取(　　)措施。

　　A. 增压　　　　　　B. 减压　　　　　　C. 缓冲　　　　　　D. 保压
2. 水泥回转窑属于(　　)设备。
　　A. 原料加工机械　　　　　　　　B. 烧成机械
　　C. 输送机械　　　　　　　　　　D. 选粉及恒尘
3. 偏心轮机构是由(　　)机构演变而来的。
　　A. 双曲柄　　　　B. 导杆　　　　C. 双滑块　　　　D. 曲柄滑块
4. 溢流阀在液压系统中的连接方式为(　　)。
　　A. 串联　　　　　　　　　　　　B. 装在液压泵后
　　C. 装在回路上　　　　　　　　　D. 并联
5. 定轴轮系传动比的大小与轮系中齿轮的齿数多少(　　)。
　　A. 有关　　　　B. 成正比　　　　C. 成反比　　　　D. 无关

二、多选题

1. 铸造设备可将熔炼成符合一定要求的金属液体浇进铸型里，经冷却凝固、清整处理后，形成预定(　　)的铸件。
　　A. 形状　　　　B. 尺寸　　　　C. 性能　　　　D. 大小　　　　E. 长短
2. 普通砂型铸造设备包括(　　)铸造设备三类。
　　A. 湿砂型　　　　B. 干砂型　　　　C. 化学硬化砂型
　　D. 物理型　　　　E. 以上都不正确
3. 根据泵的工作原理和结构形式可分为(　　)。
　　A. 容积式泵　　　　B. 叶轮式泵　　　　C. 蒸汽往复泵
　　D. 计量泵　　　　　E. 螺杆泵
4. 按照排气压强的不同划分，可分为(　　)。
　　A. 多级风机　　　　B. 单级风机　　　　C. 通风机
　　D. 鼓风机　　　　　E. 压气机
5. 按压缩机的排气最终压力划分，可分为(　　)。
　　A. 低压压缩机　　　　B. 中压压缩机　　　　C. 高压压缩机
　　D. 超高压压缩机　　　E. 特级压缩机

三、问答题

1. 简述泵的分类和性能。
2. 简述风机的分类和性能。
3. 简述输送设备的分类和性能。

第 3 章习题答案.pdf

实训工作单一

班级		姓名		日期	
教学项目		机械设备安装工程			
任务	机械设备安装工程概述		学习途径	本书中的案例分析，自行查找相关书籍	
学习目标		掌握机械设备安装工程概述			
学习要点					
学习查阅记录					
评语			指导老师		

实训工作单二

班级		姓名		日期	
教学项目		机械设备安装工程			
任务	熟悉机械设备	学习途径	施工现场及相关视频		
学习目标		了解机械设备操作过程,结合施工现场情况与机械设备安装工程工程量清单计价做对比分析			
学习要点					
学习查阅记录					
评语			指导老师		

电气设备安装工程.pptx

电气设备安装工程.pdf

第4章 电气设备安装工程

04

【学习目标】

● 了解电气设备安装工程组成、电气照明系统基本知识。

● 理解防雷装置的组成及其安装、电力变压器及动力设备的安装。

● 掌握电气设备安装工程工程量清单计量。

● 掌握电气设备安装工程工程量清单计价。

【教学要求】

本章要点	掌握层次	相关知识点
电气设备安装的基本知识	1. 了解电气设备安装工程组成 2. 掌握电气照明系统分类与要求 3. 了解防雷装置的组成 4. 掌握电力变压器的安装	母线、绝缘子
电气设备安装工程工程量清单计量	1. 了解电气设备安装工程工程量清单 2. 掌握工程量清单计算规则	配电装置安装
电气设备安装工程工程量清单计价	掌握电气设备安装工程工程量清单计价	母线安装

【项目案例导入】

某综合楼照明线路设计图纸规定采用 BV-2.5mm^2 铜芯聚氯乙烯绝缘导线穿 SC20 沿墙暗敷设，管内穿线 4 根，钢管敷设长度为 872m。

【项目问题导入】

请结合本章所学内容，试计算管内穿线工程量。

4.1 电气设备安装工程概述

建筑电气安装工程是依据设计与生产工艺的要求，依照施工平面图、规程规范、设计文件、施工标准图集等技术文件的具体规定，按特定的线路保护和敷设方式将电能合理分配输送至已安装就绪的用电设备上及用电器具上。通电前，经过元器件各种性能的测试，系统调整试验，在试验合格的基础上，送电试运行，使之与生产工艺系统配套，使系统具备使用和投产条件。其安装质量必须符合设计要求，符合施工及验收规范，符合施工质量检验评定标准。

电器设备安装工程概述.mp4

4.1.1 电气设备安装工程组成

1. 变配电工程

变配电设备是变电设备和配备设备的总称，其主要作用是变换电压和分配电能，由变压器、断路器、开关、互感器、电抗器、电容器，以及高、低压配电柜等组成。变配电设备安装分室内、室外和杆上三种，室外电压较高，一般在 35kV 以上。室内电压在 35kV 以下，变电所或变电站一般均安装在室内。杆上变压器一般是小型变压器，可以把 10kV 以上的高压变为 220V 的民用电，不需要从终端变压器再拉很长的线回来，以节省投资。变压器如图 4-1(a)、(b)所示。

(a)

(b)

图 4-1 变压器

2. 母线、绝缘子

1) 母线

母线是指在变电所中各级电压配电装置的连接以及变压器等电气设备和相应配电装置的连接，大都采用矩形或圆形截面的裸导线或绞线。

母线.mp4

在变配电装置中，母线(如图 4-2 所示)是汇流和分配电流的导体，故母线又称汇流排。母线按材质分为铜、铝、钢三种；按结构分为硬母线和软母线两种；按形状可分为矩形、圆形、槽形和管形四种，常用的是带形母线。硬母线又分为矩形母线和管形母线。软母线截面是圆的，容易弯曲，制作方便。软母线用于室外，因空间大，导线有所摆动也不至于造成线间距离不够。软母线施工简便，造价低廉。矩形母线一般用于主变压器至配电室内，其优点是施工安装方便，运行中变化小，载流量大，但造价较高。

绝缘子.avi

图 4-2　母线

2) 绝缘子

绝缘子是安装在不同电位的导体或导体与接地构件之间的能够耐受电压和机械应力作用的器件，主要作用是绝缘和固定母线和导线。如图 4-3(a)、(b)所示。绝缘子种类繁多，形状各异，不同类型绝缘子的结构和外形虽有较大差别，但都是由绝缘件和连接金具两大部分组成的。

绝缘子.mp4

绝缘子是一种特殊的绝缘控件，能够在架空输电线路中起到重要作用。绝缘子可以分为户内和户外两种，以及悬串式绝缘子。户内绝缘子有 1～4 孔，户外绝缘子有 1 孔、2 孔和 4 孔。

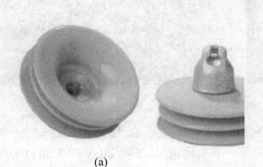 

(a)　　　　　　　　　　　　　　　　(b)

图 4-3　绝缘子

绝缘子一般安装在高、低压开关柜上，母线桥上，墙或支架上。

① 低压针式绝缘子。在 500V 以下架空线路作绝缘和固定导线用。

② 低压蝶式瓷绝缘子。用于 500V 以下架空线路的终端、耐张、转角杆，用于绝缘和固定导线。

③ 接线端子(线鼻子)有铜质和铝质两种。

3. 控制设备与低压电器

电气控制设备主要是低压盘(屏)、柜、箱的安装，以及各式开关、低压电气器具、盘柜、配线、接线端子等动力和照明工程常用的控制设备与低压电器的安装。

其中配电箱(盘)根据用途不同可分为电力配电箱(盘)和照明配电箱(盘)两种。根据安装方式可分为明装(悬挂式)和暗装(嵌入式)以及半明半暗装等。根据制作材质可分为铁制、木制及塑料制品，现场应用较多的是铁制配电箱。

配电箱(盘)按产品划分有定型产品(标准配电箱、盘)、非定型成套配电箱(非标准配电箱、盘)及现场制作组装的配电箱(盘)。标准配电箱(盘)是由工厂成套生产组装的；非标准配电箱(盘)是根据设计或实际需要订制或自行制作的。如果设计为非标准配电箱(盘)，一般需要用设计的配电系统图到工厂加工定做。

【案例 4-1】 某高档小区 2 号机组 A、B 气泵，A、B 引、送风机，一次风机，A、B、D、E 磨煤机运行，电泵备用，负荷 360MW，无功 59MVar，配电箱电压 21kV，电流 10KA，励磁电压 213V，电流 3033A，协调方式。试结合知识点简述配电箱的分类。

1) 电力配电箱

电力配电箱(如图 4-4 所示)过去被称为动力配电箱，由于后一种名称不太确切，所以在新编制的各种国家标准和规范中，统一称为电力配电箱。

电力配电箱型号很多，其中 XL-3 型、XL-4 型、XL-10 型、XL-11 型、XL-12 型、XL-14 型和 XL-15 型均属于老产品，目前仍在继续生产和使用。

图 4-4 电力配电箱

【案例 4-2】 某工厂车间电源配电箱 DLX(1.8m × 1m)安装在 10 号基础槽钢上，车间内另设有备用配电箱一台(1m × 0.7m)，墙上暗装，其电源由 DLX 以 2R-VV4 × 50+1 × 16 穿电镀管 DN80 沿地面暗敷引来(电缆、电镀管长 20m)。试计算工程量。

2) 照明配电箱

照明配电箱(如图 4-5 所示)适用于工业及民用建筑在交流 50Hz、额定电压 500V 以下的照明和小动力控制回路中，作线路的过载、短路保护以及线路的正常转换之用。

由于国家只对照明配电箱用统一的技术标准进行审查和鉴定，而不做统一设计，且国内生产厂家繁多，故规格、型号很多。选用标准照明配电箱时，应查阅有关的产品目录和电气设计手册等书籍。

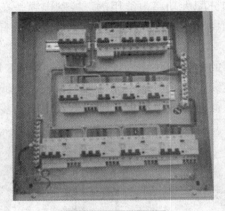

图 4-5　照明配电箱

4. 电机

电机是指依据电磁感应定律实现电能转换或传递的一种电磁装置，是发电机和电动机的总称。建设工程中所称的电机是指电动机。电机种类较多，按照所供电源不同可分为直流电机和交流电机两类。

直流电机(如图 4-6 所示)主要用于调速要求较高或需要较大启动转矩的生产机械上。

交流电机(如图 4-7 所示)用途广泛，按照所供电源不同分为单相电机和三相电机。

图 4-6　直流电机

图 4-7　交流电机

同步电机主要用于拖动功率较大或转速恒定的机械上。异步电机按其构造又分为鼠笼型和绕线型两种。

按照规范要求，电机安装后必须进行检查，测试绝缘，绝缘较低或不合格的电机必须进行干燥。

5. 电缆敷设

按照功能和用途，电缆可分为电力电缆、控制电缆、通信电缆等；按绝缘材料分为橡皮绝缘电缆、塑料绝缘电缆、油浸纸绝缘电缆；按照敷设位置，分户外电缆和户内电缆；按电压可分为500V、1000V、6000V、10000V以及更高电压的电力电缆。

电力电缆是用来输送和分配大功率电能用的。控制电缆是在配电装置中传递操作电流、连接电气仪表、继电保护和控制自动回路用的。电缆敷设方法有以下几种：

1）埋地敷设

将电缆直接埋设在地下的敷设方法称为埋地敷设，如图4-8所示。埋地敷设的电缆必须使用铠装及防腐层保护的电缆，裸装电缆不允许埋地敷设。一般电缆沟深度不超过 0.9m，埋地敷设还需要铺砂及在上面盖砖或保护板。埋地敷设电缆的步骤如下：

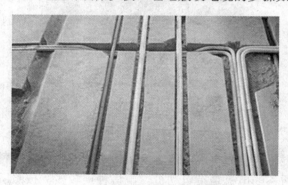

图4-8　埋地敷设

(1) 测量画线；

(2) 开挖电缆沟；

(3) 铺砂；

(4) 敷设电缆；

(5) 盖砂；

(6) 盖砖或保护板；

(7) 回填土；

(8) 设置标桩。

【案例4-3】 某电缆工程采用电缆沟敷设，沟长200m，共16根 VV29 电缆(3×120+2×35)，分四层，双边，支架镀锌。试列出项目和工程量。

2）电缆穿保护管敷设

电缆保护管内壁应光滑无毛刺，其选择应满足使用条件所需的机械强度和耐久性，如图4-9所示，还应符合下列规定：

(1) 需采用穿管抑制对控制电缆的电气干扰时，应采用钢管。

(2) 交流单芯电缆以单根穿管时，不得采用未分隔磁路的钢管。电缆沿支架敷设一般在车间、厂房和电缆沟内，在安装的支架上用卡子将电缆固定。电力电缆支架之间的水平距离为1m，控制电缆为0.8m。电力电缆和控制电缆一般可以同沟敷设，电缆垂直敷设时一般为卡设，电力电缆卡距为 1.5m，控制电缆为 1.8m。

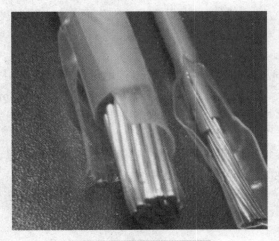

图 4-9　电缆穿保护管敷设

3) 电缆沿支架敷设

电缆沿支架敷设(如图 4-10 所示)一般在车间、厂房和电缆沟内，在安装的支架上用卡子将电缆固定。电力电缆支架之间的水平距离为 1m，控制电缆为 0.8m。

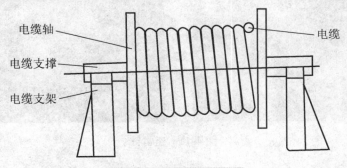

电缆轴　电缆

电缆支撑

电缆支架

图 4-10　电缆沿支架敷设

4) 电缆桥架上敷设

电缆桥架是架设电缆的一种构架，通过电缆桥架把电缆从配电室或控制室送到用电设备。

电缆桥架的优点是制作工厂化、系列化，质量容易控制，安装方便，安装后的电缆桥架及支架整齐美观。

电缆桥架是由托盘、梯架的直线段、弯通、附件及支吊架等构成，是用以支承电缆的连续性刚性结构系统的总称。

6. 防雷及接地装置

防雷接地的主要作用是将建筑物或构筑物所受雷电的袭击引入大地，使建筑物、构筑物免受雷电的破坏。防雷接地装置由接地极、接地母线、接地跨接线、避雷针、避雷引下线、避雷网组成。

1) 接地极

接地极是由钢管、角钢、圆钢、铜板或钢板制作而成，一般长度为 2.5m，每组 3～6 根不等，直接打入地下，与室外接地母线连接。

2) 接地母线

接地母线敷设分为户内和户外两种。户内接地母线一般沿墙用卡子固定敷设；户外接地母线一般埋设在地下。沟的挖填土方按上口宽 0.5m，下底宽 0.4m，深 0.75m，每米沟长 0.34m³ 土方量计算。接地母线多采用扁钢或圆钢作为接地材料。

3) 接地跨接线

接地跨接线是指接地母线遇有障碍物(如建筑物伸缩缝、沉降缝)需跨越时的连接线，或是利用金属构件作接地线时需要焊接的连接线。

高层建筑多采用铝合金窗，为防止侧面雷击，损坏建筑物或伤人，按照规范要求需要安装接地线与墙或柱主筋连接。

4) 避雷针

避雷针(如图 4-11 所示)是接收雷电的装置，安装在建筑物或构筑物的最高点，一些重要场所如变电站等则安装独立避雷针，避雷针由钢管和圆钢制成。

图 4-11　避雷针

5) 避雷引下线

避雷引下线是从避雷针或屋顶避雷网向下沿建筑物、构筑物和金属构件引下的导线。一般采用扁钢或圆钢作为引下线，如图 4-12 所示。

图 4-12　避雷引下线

目前大多数建筑物引下线的设计都是利用构造柱内两根主筋作为引下线，与基础钢筋网焊接形成一个大的接地网。

6）避雷网

避雷网(如图 4-13 所示)设置于建筑物顶部，一般采用圆钢作避雷网，一些建筑用不锈钢作避雷网，造价较高。根据规范要求，高层建筑中每隔 3 层应设置均压环，均压环可利用圈梁钢筋或另设一根扁钢或圆钢于圈梁内作均压环，主要防止侧向雷电对建筑造成破坏。

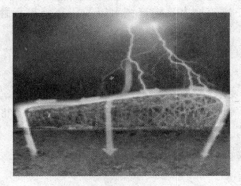

图 4-13　避雷网

7. 配管配线

配管配线是指由配电屏(箱)接到各用电器具的供电和控制线路的安装，一般有明配管和暗配管两种方式。

明配管是用固定卡子将管子固定在墙、柱、梁、顶板和钢结构上。

暗配管需要配合土建施工，将管子预敷设在墙、顶板、梁、柱内。暗配管具有不影响外表美观、使用寿命长等优点。目前常用的电气配管的管材有焊接钢管、电线管和 PVC 塑料管三种。

电气暗配管宜沿最近线路敷设，并应减少弯曲。埋于地下的管道不能对接焊接，宜穿套管焊接。明配管不允许焊接，只能采用丝接。

电线是电气工程中的主要材料。绝缘电线按照绝缘材料不同分为橡皮绝缘电线、聚氯乙烯绝缘电线、丁腈聚氯乙烯复合绝缘电线等。绝缘电线可用于各种形式的配线和管内穿线。

4.1.2　电气照明系统

电气照明工程一般是指由电源进户装置到各照明用电器具及中间环节的配电装置、配电线路和开关控制设备的全部电气安装工程。

1. 电气照明系统的分类

电气照明系统按照明方式可分为三种：一般照明、局部照明和混合照明。按其使用目的可分为 6 种：

(1) 正常照明。正常情况下的室内外照明，对电源控制无特殊

照明系统分类.mp4

要求。

(2) 事故照明。当正常照明因故障而中断时，能继续提供合适照度的照明。一般设置在容易发生事故的场所和主要通道的出入口。

(3) 值班照明。供正常工作时间以外的、值班人员使用的照明。

(4) 警卫照明。用于警卫地区和周界附近的照明，通常要求较高的照度和较远的照明距离。

(5) 障碍照明。装设在建筑物上、构筑物上以及正在修筑和翻修的道路上，作为障碍标志的照明。

(6) 装饰照明。用于美化环境或增添某种气氛的照明，如节日的彩灯、舞厅的多色灯光等。

照明线路和供电方式要求安全可靠、经济合理、电压稳定。由于电气照明线路与人们接触的机会较多，所以电气照明设备外露的、不应带电的金属部分都必须绝缘或接地。重要场合的照明和事故照明，要有两个电源供电，确保供电可靠。照明线路最好专用，以免受其他负荷引起的大电压波动，影响电光源的寿命和照明质量。

2. 照明灯具的一般要求

1) 室内照明器具

(1) 室内照明器具与控制装置。

室内照明器具与控制装置主要包括各式照明灯具、开关、插座和
照明配电箱(盘)等，下面主要介绍其安装施工要求和一般安装方法。

医疗专用灯.avi

室内照明灯具一般可分为吸顶式、壁式和悬吊式三种安装方式。所安装灯具的一般要求如下：

① 安装前，灯具及其配件应齐全，并无机械损伤、变形、油漆剥落和灯罩破裂等缺陷。

② 根据灯具的安装场所及用途，引向每个灯具的导线线芯最小截面应符合有关规程规范的规定。

③ 当在砖石结构中安装电气照明装置时，应采用预埋吊钩、螺栓、螺钉、膨胀螺栓、尼龙塞或塑料塞固定，严禁使用木楔。当设计无规定时，上述固定件的承载力应与电气照明装置的重量相匹配。

④ 在危险性较大及特殊危险场所，当灯具距地面高度小于 2.4m 时，应使用额定电压为 36V 及以下的照明灯具或采取保护措施。灯具不得直接安装在可燃物件上，当灯具表面高温部位临近可燃物时，应采取隔热、散热措施。

⑤ 在变电所内，高压、低压配电设备及母线的正上方，不应安装灯具。

(2) 灯具安装应经济、实用、整齐、美观。

灯具安装应整齐、美观，具有装饰性。在同一室内成排安装灯具时，如吊灯、吸顶灯、嵌入在顶棚上的装饰灯具、壁灯或其他灯具等，其纵横中心轴线应在同一直线上。嵌装在顶棚上的灯具应分别固装在专设框架上，灯罩边框边缘应紧贴在顶棚安装的隔栅荧光灯具以及其他灯具的边缘，应与顶棚的拼装直线平行。隔栅荧光灯具的灯管应平齐，其金属隔栅不得有弯曲和扭斜等缺陷，以使灯具在室内起到照明和装饰双重作用。

(3) 可靠接地灯具的安装应符合安全用电要求的规范规定，各种灯具金属外壳应可靠接地。

2) 室外照明灯具的安装要求

(1) 荧光灯、高压汞灯、碘钨灯等的安装要求。

荧光灯、高压汞灯、碘钨灯等及其附件应配套使用，且安装位置应便于维修。在装有白炽灯的吸顶灯内，白炽灯与木台间需设置隔热层。电源线在引入灯具时，不应受到应力和磨损，也不应贴近灯具外壳。在灯架或线管内导线不应有连接处，以确保照明使用的安全。

荧光灯.avi

(2) 光带灯具和各种花灯的安装要求。

流行的光带灯具和花灯的安装光带(光梁)的透光面罩有磨砂玻璃、Ps 折光板、满天星格、乳白有机玻璃、有机格栅、铝网、铝格栅(有方格、直条)等，具有照度高、美观大方和豪华气派等特点，因此，在现代化商场、贸易大厦等场所的电气照明中应用广泛。进行组装并试亮正常后，再用安装螺钉把光带盒和装饰托罩架固定在槽形龙骨上。在安装固定时，应使各组光带盒相线连接紧密，接口应无错位和缝隙，装饰托罩架应与吊顶面板贴紧。

高压汞灯.avi

3) LED 软管灯组的安装要求

LED 软管灯组之间的连接非常简便，只需用剪刀在银点标记处将软管灯组剪断，把中间插接头的"插接针"用力压入 LED 软管灯组端的插接孔内，并注意使"插接针"与插接孔内干线并行，以使之可靠接触。最后将两螺母分别与中间插接头拧紧，以固定中间插接头。LED 软管灯组与电源之间的连接：在 LED 软管灯组安装固定好后，最后将 LED 软管灯组与电源线插接头进行连接，LED 软管灯组是通过电源线插接头专用配件与电源连接的。在 LED 软管灯组与电源线插接头连接时，先将电源接头配件的螺母套入被连接的 LED 软管灯组端，再将电源线插接头配件的"插接针"用力压入 LED 软管灯组端的插接孔内，仍需注意使"插接针"与插接孔内的干线并行，并拧紧固定螺母，以保证可靠连接。这样，就完成了 LED 软管灯组的安装，可以将电源线插接头插入电源插座了。

碘钨灯.avi

LED 软管灯组.avi

4) 流星式灯具的安装要求

软式流星灯的接线及电源电压的配备应参考有关产品说明书，应注意选用配套的控制器，有 12/24V 控制器，110/220V 控制器，可产生一组具有一定时序要求的脉冲电源电压。使用控制器后，即可产生跳动、追逐和闪烁的效果，从而使被装饰场所更加变化纷呈、绚丽多彩。

5) 霓虹灯的安装要求

霓虹灯的专用变压器应装设在便于检修的隐蔽位置(但不得安装在吊顶内)。明装时，安装高度不宜小于 3m，否则应采取防护措施。在室外安装时，应采取防雨防潮措施。变压器所供灯管长度应不超过允许灯管长度，其二次导线距建筑物、构筑物表面应不小于 20mm。

3. 施工流程工序

(1) 施工流程如下：

① 放线定位；

施工流程.mp4

② 灯头盒与配管到位;

③ 管内穿线;

④ 灯具安装;

⑤ 导线绝缘电阻测试;

⑥ 灯具接线;

⑦ 灯具试亮。

(2) 施工程序。

照明灯具安装应按以下程序进行:

① 安装灯具的预埋螺栓、吊杆和吊顶上嵌入式灯具安装专用骨架等已经完成;并按设计要求做承载试验合格,才能安装灯具;

② 影响灯具安装的模板、脚手架应拆除,顶棚和墙面喷浆、油漆或壁纸等地面清理工作基本完成后,才能安装灯具;

③ 导线绝缘测试合格才能接线;

④ 高空安装的灯具,先在地面通断电试验合格才能安装。

4.1.3 防雷装置

1. 防雷装置的组成

建筑物的防雷装置由接闪器、引下线和接地装置三部分组成。

1) 接闪器

接闪器是吸引和接受雷电流的金属导体,常见接闪器的形成有避雷针、避雷带、避雷网或金属屋面等。

避雷针通常由钢管制成,针尖加工成锥体。当避雷针较高时,则加工成多节,上细下粗,固定在建筑物或构筑物上。

防雷装置.avi

避雷带一般安装在建筑物的屋脊、屋角、屋檐、山墙等易受雷击或建筑物要求美观、不允许装避雷针的地方。避雷带由直径不小于 8mm 的圆钢或截面面积不小于 48mm² 且厚度不小于 4mm 的扁钢组成,在要求较高的场所也可以采用 ϕ20 镀锌钢管。装于屋顶四周的避雷带,应高出屋顶 100~150mm,砌外墙时每隔 1.0m 预埋支持卡子,转弯处支持卡子间距 0.5m。装于平面屋顶中间的避雷网,为了不破坏屋顶的

防雷装置的组成.mp4

防水、防寒层,需现场制作混凝土块,做混凝土块时也要预埋支持卡子,然后将混凝土块每间隔 1.5~2m 摆放在屋顶需装避雷带的地方,再将避雷带焊接或卡在支持卡子上。避雷网是在屋面上纵横敷设由避雷带组成的网络状导体。高层建筑常把建筑物内的钢筋连接成笼式避雷网。

2) 引下线

引下线的作用是将接闪器收到的雷电流引至接地装置。引下线一般采用不小于 ϕ8 的圆钢或截面面积不小于 48mm² 且厚度不小于 4mm 的扁钢,烟囱上的引下线宜采用不小于 ϕ12 的圆钢或截面面积不小于 100mm² 且厚度不小于 4mm 的扁钢。

建筑物上至少要设两根引下线,明设引下线距地面 1.5～1.8m 处装设断接卡子(一般不少于两处)。若利用柱内钢筋作引下线时,可不设断接卡子,但距地面 0.3m 处设连接板,以便测量接地电阻。明设引下线从地面以下 0.3m 至地面以上 1.7m 处应套保护管。

明敷设是沿建筑物或构筑物外墙敷设,如外墙有落水管,可将引下线靠落水管安装,以便美观。暗敷设是将引下线砌于墙内或利用建筑物柱内的对角主筋可靠焊接而成。

3) 接地装置

接地母线.avi

接地装置的作用是接受引下线传来的雷电流,并以最快的速度泄入大地。接地装置由接地极和接地母线组成。接地母线是用来连接引下线和接地体的金属线,常用截面不小于 25mm×4mm 的扁钢。其中接地线分接地干线和接地直线,电气设备接地的部分就近通过接地支线与接地网的接地干线相连接。接地装置的导体截面,应符合热稳定和机械强度的要求。

接地体分为自然接地体和人工接地体两种。自然接地体是利用基础内的钢筋焊接而成;人工接地体是人工专门制作的,又分为水平和垂直接地体两种。水平接地体是指接地体与地面水平,而垂直接地体是指接地体与地面垂直。人工接地体水平敷设时一般用扁钢或圆钢,垂直敷设时一般用角钢或钢管。

为减少相邻接地体的屏蔽作用,垂直接地体的间距不宜小于其长度的 2 倍,水平接地体的相互间距可根据具体情况确定,但不宜小于5m。垂直接地体长度一般不小于2.5m,埋深不应小于 0.6m,距建筑物出入口、人行道或外墙不应小于 3m。

2. 防雷装置的安装

1) 施工流程

安装防雷装置施工流程如下:

① 材料准备;

② 接地体安装;

③ 接地线敷设;

④ 接地电阻测试;

⑤ 引下线敷设;

⑥ 接闪器安装;

⑦ 接地电阻测试;

安装防雷装置
的流程.mp4

2) 施工工序

(1) 接地装置安装程序。

① 建筑物基础接地体底板钢筋敷设完成,按设计要求做接地施工,经检查确认才能支模或浇捣混凝土;

② 人工接地体按设计要求位置开挖沟槽,经检查确认才能打入接地极和敷设地下接地干线;

③ 接地模块按设计位置开挖模块坑,并将地下接地干线引到模块上,经检查确认才能相互焊接;

④ 装置隐蔽检查验收合格，才能覆土回填。

(2) 引下线安装程序。

① 利用建筑物柱内主筋作引下线，在柱内主筋绑扎后，按设计要求施工，经检查确认才能支模；

② 直接从基础接地体或人工接地体暗敷埋入粉刷层内的引下线。经检查确认不外露，才能贴面砖或刷涂料等；

③ 直接从基础接地体或人工接地体引出明敷的引下线，先埋设或安装支架，经检查确认才能敷设引下线。

3) 接闪器安装

接地装置和引下线应施工完成，才能安装接闪器，且与引下线连接。

4) 防雷接地系统测试

接地装置施工完成测试应合格，必须接闪器安装完成，整个防雷接地系统连成回路，才能进行系统测试。

3. 接地母线

接地母线(如图 4-14 所示)也称层接地端子，从名字可以看出，它是一条专门用于楼层内的公用接地端子。它的一端要直接与接地干线连接，另一端与本楼层配线架、配线柜、钢管或金属线槽等设施所连接的接地线连接。接地母线属于一个中间层次，它比接地线高一个层次，比接地干线又要低一个层次。一般使用 40mm×4mm 的镀锌扁钢。

图 4-14　接地母线

4. 接地和接零的基本概念

保护接地，是为防止电气装置的金属外壳、配电装置的构架和线路杆塔等带电危及人身和设备安全而进行的接地；保护零线，其实也就是地线，就是其中某根电线接触物体时，让漏保开关能及时跳闸，不击伤人。

接地和接零
基本概念.mp4

1) 四个接地

(1) 工作接地。

为了保证电气设备的可靠运行，将电力系统中的变压器低压侧中性点接地称为工作接地。

(2) 保护接地。

为了防止电气设备绝缘损坏造成触点事故，将电气设备不带电的金属部分与接地装置用导线连接起来称为保护接地。

(3) 重复接地。

除运行变压器低压侧中性点接地外，零线上的一处或多处再另行接地称为重复接地。

(4) 防雷接地。

为泄掉雷电流而设置的防雷接地装置称为防雷接地。

2) 两个接零

(1) 保护接零。

为防止电气设备绝缘损坏而使人身遭受触电危害，将电器设备不带电的金属部分与中性线用导线连接起来称为保护接零。

(2) 工作接零。

在三相四线制线路中，220V 的用电设备为了正常工作所接的零线称为工作接零。

5. 对地接零的一般要求

1) 对接地电阻的要求

接地装置的主要技术指标是接地电阻。接地电阻包括接地线的电阻和接地体的流散电阻。1kV 以下电力系统变压器低压侧中性点工作接地的电阻值应在 4Ω 左右；保护接地电阻应在 $4\sim10\Omega$ 之间；重复接地电阻值应不大于 10Ω。

2) 对零线的要求

在保护接零系统中，零线起着十分重要的作用，尽管有重复接地，也要防止零线断线。

(1) 零线截面的要求：保护接零所用的导线，其截面一般不应小于相线截面的 1/2。

(2) 零线的连接要求：零线(或零线的连接线)的连接应牢固可靠，接触良好。零线与设备的连接线应用螺栓压接，必要时要加弹簧垫圈、钢质零线(或零线连接线)本身的连接要采用焊接。采用自然导体做零线时，对连接不可靠的地方要另加跨接线，所有电气设备的接零线均应以并联方式接在零线上，不允许串联。

(3) 三相四线制电力线路的零线禁止安装保险丝或单独的断流开关，否则，一旦零线因故断开，当负荷不平衡时会产生电压位移使零线电位上升威胁设备与人身安全。

4.1.4 电力变压器

1. 电力变压器安装

1) 设备及材料准备

变压器应装有铭牌，铭牌上应注明制造厂名，额定容量、一二次额定容量、一二次额定电压、电流、阻抗、电压及接线组别等技术数据。变压器的容量、规格及型号必须符合设计要求，附件备件齐全，并有出厂合格证及技术文件。各种规格型钢应符合设计要求，并无明显锈蚀。螺栓除地脚螺栓及防震装置螺栓外，均应采用镀锌螺栓，并配相应的平垫。

变压器.mp4

2) 主要机具

搬运吊装机具：汽车吊、汽车、卷扬机、吊链、三步搭、道木、钢丝绳、带子绳、滚杠；安装机具：台钻、砂轮、电焊机、气焊工具、电锤、台虎钳、活扳子、锤头、套丝板；

测试器具：钢卷尺、钢板尺、水平尺、线坠、摇表、万用表、电桥及测试仪器。

3）作业条件

施工图及技术资料应齐全无误；土建工程基本施工完毕。

4）操作工艺

设备点检查：设备点件检查应由安装单位、供货单位会同建设单位代表共同进行，并做好记录。按照设备清单，施工图纸及设备技术文件核对变压器本体及附件备件的规格型号是否符合设计图纸要求；是否齐全，有无丢失及损坏；变压器本体外观检查有无损伤及变形，油漆是否完好无损伤；绝缘瓷件及环氧树脂铸件有无损伤、缺陷及裂纹。变变压器二次搬运应由起重工作业，电工配合；最好采用汽车吊吊装，也可采用吊链吊装。变压器搬运时，应注意保护瓷瓶，最好用布箱或纸箱将高低压瓷瓶罩住，使其不受损伤。变压器搬运过程中，不应有冲击或严重震动情况，利用机械牵引时，牵引的着力点应在变压器重心以下，以防倾斜，运输倾斜角不得超过15°，防止内部结构变形。大型变压器在搬运或装卸前，应核对高低压侧方向，以免安装时调换方向发生困难。

2. 变压器调试运行

1）变压器送电调试运行前的检查

检查各种交接试验单据是否齐全，变压器一、二次引线相位、相色是否正确，接地线等压接触是否良好。变压器应清理擦拭干净，顶盖上无遗留杂物，本体及附体无缺损，且不掺油。通风设施安装完毕，工作正常，事故排油设施完好，消防设施齐全。油浸变压器的油系统油门应拉开，油门指示正确，油位正常。油浸变压器的电压切换位置处于正常电压挡位。保护装置整定值符合规定要求，操作及联动试验正常。

2）变压器送电调试运行

（1）变压器空载投入冲击试验。变压器第一次投入时，可全压冲击合闸，冲击合闸时一般可由高压侧投入。变压器第一次受电后，持续时间应不少于10min，无异常情况。

（2）变压器空载运行检查方法主要是听声音。正常时发出嗡嗡声，而异常时有以下几种情况发生：声音比较大而均匀时，可能是外加电压比较高；声音比较大而嘈杂时，可能是芯部有松动；有吱吱的放电声音，可能是芯部和套管表面有闪络；有爆裂声响，可能是芯部击穿现象。

（3）变压器调试运行。经过空载冲击试验后，可在空载运行24～28h，如确认无异常便可带半负荷进行运行。变压器半负荷通电调试运行符合安全运行规定后，再进行满负荷调试运行。变压器满负荷调试运行为48h，再次检查变压器温升、油位、渗油、冷却器运行。满负荷试验合格后，即可办理移交手续，方可投入运行。

3. 变压器验收

从变压器开始带电起，24h后无异常情况，应办理验收手续；验收时应移交下列资料和文件：变更设计证明，产品说明书、试验报告单、合格证及安装图纸等技术文件，安装检查及调整记录。

电力变压器及其附件的试验调整和器身检查结果，必须符合施工规范规定。高低压瓷件表面严禁有裂纹损伤和瓷釉损坏等缺陷。变压器安装位置应准确，器身表面干净清洁，油漆完整。变压器与线路连接应符合下列规定：

变压器验收.mp4

(1) 连接紧密，连接螺栓的锁紧装置齐全，瓷套管不受外力。

(2) 零线沿器身向下接至接地装置的线段，固定牢靠。

(3) 器身各附件间连接的导线有保护管，保护管、接线盒固定牢靠，盒盖齐全。

(4) 引向变压器的母线及支架、电线保护管和接零线等均应便于拆卸，不妨碍变压检修时移动。各连接用的螺栓螺纹应漏出螺母2～3 扣，保护管颜色一致，支架防腐完整。

(5) 变压器及附件外壳和其他非带电金属部件均应接地，并符合有关要求。

变压器与线路
连接规定.mp4

4.2　电气设备安装工程工程量清单计量

1. 变压器安装

(1) 变压器安装按不同容量划分工程项目，以"台"为单位计算工程量。

(2) 变压器安装项目包括油浸电力变压器、干式变压器、整流变压器、自耦变压器、有载调压变压器、电炉变压器及消弧线圈等。

电炉变压器.avi

2. 配电装置安装

(1) 配电装置安装按设计图示数量，区别不同名称、型号、容量以"台"、"组"或"个"计算。配电装置安装项目包括各种断路器、真空接触器、隔离开关、负荷开关、互感器、高压熔断器、避雷器、电抗器、电容器、并联补偿电容器组架、交流滤波装置组架、高压成套配电柜、组合型成套箱式变电站等。

(2) 隔离开关、负荷开关、高压熔断器、避雷器、干式电抗器的安装以"组"为单位，按设计图示数量计算。

变压器安装.mp4

3. 母线安装

(1) 软母线的安装以"m"为计量单位，按设计图示尺寸以单相长度计算(含预留长度)。

干式变压器.avi

(2) 组合软母线、带形母线、槽形母线以"m"为单位，工程量按设计图示尺寸以单相长度计算。

(3) 共箱母线、低压封闭式插接母线槽以"m"为单位，工程量按设计图示尺寸以中心线长度计算。

(4) 始端箱、分线箱以"台"为计量单位，按设计图示数量计算。

(5) 重型母线以"t"为计量单位，按设计图示尺寸以质量计算。

4. 控制设备及低压电器安装

(1) 控制屏、继电、信号屏、模拟屏、低压开关柜(屏)、弱电控制返回屏以"台"为计量单位，按设计图示数量计算。

(2) 箱式配电室以"套"为计量单位，按设计图示数量计算。

(3) 硅整流柜、可控硅柜、低压电容器柜、自动调节励磁屏、励磁灭磁屏、蓄电池屏(柜)、直流馈电屏、事故照明切换屏以"台"为计量单位，按设计图示数量计算。

(4) 控制台、控制箱、配电箱、插座箱以"台"为计量单位，按设计图示数量计算。

(5) 控制开关、低压熔断器、限位开关、分流器、小电器、照明开关、插座以"个"为计量单位，按设计图示数量计算。

(6) 控制器、接触器、磁力启动器、Y-△自耦减压启动器、电磁铁、快速自动开关、油浸频敏变阻器、端子箱、风扇以"台"为计量单位，按设计图示数量计算。

(7) 电阻器以"箱"为计量单位，按设计图示数量计算。

5. 蓄电池安装

(1) 蓄电池安装以"个"为计量单位，按设计图示数量计算。蓄电池安装项目包括碱性蓄电池、固定密闭式铅酸解电池及免维护铅酸蓄电池等。

(2) 太阳能电池安装以"组"为计量单位，按设计图示数量计算。

蓄电池.avi

6. 电动机检查接线及调线

(1) 电机检查接线及调试工程量，按设计图示数量，区别不同名称、型号、容量、启动方式和控制保护类型，以台或组计算。

(2) 电机检查接线及调试项目，包括发电机、调相机、普通小型直流电动机、可控硅调速直流电动机、普通交流同步电动机、低压交流异步电动机、高压交流异步电动机、交流变频调速电动机、微型电机、电加热器、电动机组、备用励磁机组、励磁电阻器等的检查接线及调试。

(3) 电机以单台重量在 3t 以下为小型，单台重量在 3~30t 的为中型，单台重量在 30t 以上的为大型。

7. 滑触线装置安装

滑触线装置安装工程量，以"m"为计量单位，按设计图示以单相长度计算。

8. 电缆安装

(1) 电力电缆、控制电缆的安装以"m"为计量单位，按设计图示尺寸以长度计算。

(2) 电缆保护管、电缆槽盒、铺砂、盖保护板(砖)以"m"为计量单位，按设计图示尺寸以长度计算。

(3) 电力电缆头、控制电缆头以"个"为计量单位，按设计图示数量计算。

(4) 防火堵洞以"处"为计量单位，按设计图示数量计算。

(5) 防火涂料以"kg"为计量单位，按设计图示尺寸以质量计算。

(6) 电缆敷设中所有预留量，均不作实物量计算，按设计要求或规范规定的长度，在综合单价中考虑。

9. 防雷及接地装置

(1) 接地极、避雷针安装以"根"为计量单位，按设计图示数量计算。

(2) 接地母线、避雷引下线、均压环、避雷网以"m"为计量单位，按设计图示尺寸以长度计算。

(3) 半导体少长针消雷装置以"套"为计量单位，按设计图示数量计算。

(4) 等电位端子箱、测试板以"台"为计量单位，按设计图示数量计算。

(5) 绝缘垫以"m^2"为计量单位，按设计图示尺寸以展开面积计算。

(6) 浪涌保护器以"个"为计量单位，按设计图示数量计算。

(7) 降阻剂以"kg"为计量单位，按设计图示尺寸以质量计算。

10. 10kV 以下架空配电线路

(1) 电杆组立以"根"为计量单位，按设计图示数量计算。

(2) 横担组装以"组"为计量单位，按设计图示数量计算。

(3) 导线架设以"km"为计量单位，按设计图示尺寸以单线长度计算。

(4) 杆上设备以"台"为计量单位，按设计图示数量计算。

11. 电器调整试验

(1) 电力变压器系统、送配电装置系统、中央信号装置、事故照明切换装置、不间断电源、硅整流设备、可控硅整流装置的调试以"系统"为计量单位，按设计图示系统计算。

(2) 特殊保护装置调试以"套"或"台"为计量单位，按设计图示数量计算。

(3) 自动投入装置调试以"系统"、"套"或"台"为计量单位，按设计图示数量计算。

(4) 母线调试以"段"为计量单位，按设计图示数量计算。

(5) 避雷器、电容器调试以"组"为计量单位，按设计图示数量计算。

(6) 接地装置以系统计量，按设计图示系统计算；以组计量，按设计图示数量计算。

(7) 电抗器、消弧线圈调试以"台"为计量单位，按设计图示数量计算。

(8) 电除尘器以"组"为计量单位，按设计图示数量计算。

(9) 电缆试验以"次"、"根"或"点"为计量单位，按设计图示数量计算。

12. 配管、配线

(1) 电气配管按设计图示尺寸以长度计算，不扣除管路中间的接线箱(盒)、灯头盒、开关所占长度。

(2) 线槽、桥架以"m"为计量单位，按设计图示尺寸以长度计算。

(3) 配线以"m"为计量单位，按设计图示尺寸以单线长度计算。

(4) 接线箱、接线盒以"个"为计量单位，按设计图示数量计算。

13. 照明器具安装

照明器具安装以"套"为计量单位，按设计图示数量计算。

4.3　电气设备安装工程工程量清单计价

本节以下所有清单计价表详见二维码。

1. 变压器安装

变压器安装工程量清单项目设置、项目特征描述的内容、计量单位及工程量计算规则，应按二维码中的表 4-1 的规定执行。

拓展资源.pdf

2. 母线安装

母线安装工程量清单项目设置、项目特征描述的内容、计量单位及工程量计算规则，应按二维码中的表 4-2 的规定执行。

3. 控制设备及低压电器安装

控制设备及低压电器安装工程量清单项目设置、项目特征描述的内容、计量单位及工程量计算规则，应按二维码中的表 4-3 的规定执行。

4. 蓄电池安装

蓄电池安装工程量清单项目设置、项目特征描述的内容、计量单位及工程量计算规则，应按二维码中的表 4-4 的规定执行。

5. 电机检查接线及调试

电机检查接线及调试工程量清单项目设置、项目特征描述的内容、计量单位及工程量计算规则，应按二维码中的表 4-5 的规定执行。

6. 防雷及接地装置

防雷及接地装置工程量清单项目设置、项目特征描述的内容、计量单位及工程量计算规则，应按二维码中的表 4-6 的规定执行。

7. 配管、配线

配管、配线工程量清单项目设置、项目特征描述的内容、计量单位及工程量计算规则，应按二维码中的表 4-7 的规定执行。

8. 照明器具安装

照明器具安装工程量清单项目设置、项目特征描述的内容、计量单位及工程量计算规则，应按二维码中的表 4-8 的规定执行。

4.4　电气设备安装工程计算案例

【实训 1】某车间设有电源配电箱 DLX(1.8m × 1m)，安装在基础槽钢上，另在墙上暗装一台备用配电箱(1m × 0.7m)，其电源由 DLX 以 2R-VV4 × 50+1 × 16 穿电镀管 DN80 沿地面暗敷引来(电缆、电镀管长 20m)。试计算其工程量。

【解】　干包终端头制作：2 个

铜芯电力电缆敷设

$(20+2 \times 2+1.5 \times 2) \times (1+2.5\%)=27.675(m)$

式中 2.5% 为电缆敷设的附加长度系数。

注：根据规定，电缆进出配电箱预留长度为 2m/台；电缆终端头的预留长度为 1.5m/个。

1) 清单工程量

清单工程量见表 4-1 所示。

表 4-1　清单工程量计价表

项目编码	项目名称	项目特征	计量单位	工程量计算规则
030408001	电力电缆	采用 2R-VV4×50+1×16，穿电镀管 DN80，沿地面暗敷引来	m	27.675

2) 定额工程量

定额工程量同清单工程量为 27.675m。

套用河南省通用安装工程预算定额(第四册)4-9-310 得：

(1) 人工费：32.45×27.675=89.80(元)

(2) 材料费：3.41×27.675=9.44(元)

【实训 2】　某栋大楼 29 层，层高 3m，外墙轴线总长为 60m，求均压环焊接工程量和设在周梁中的避雷带的工程量，并列出清单工程量计算表。

【解】　(1)定额工程量

均压环焊接每 3 层焊一圈，即每 9m 焊一圈，因此 30m 以下可以设 3 圈，3×60=180(m)，3 圈以(即 27m 以上)每两层设避雷带，工程量为：(3×29−27)/6=9(圈)，60×9=540(m)。

(2) 清单工程量

清单工程量表见表 4-2 所示。

表 4-2　清单工程量计价表

项目编码	项目名称	项目特征	计量单位	工程量计算规则
030409004	均压环	均压环每 3 层焊一圈	m	1

本 章 小 结

通过对本章的学习，学生们可以了解电气设备工程的基本知识、电气设备安装工程工程量清单计量以及电气设备安装工程工程量清单计价。学生们应重点学习和掌握电气设备安装工程工程量清单和计价，并能熟练运用。希望学生们具有电气设备安装计算的基本能力，为以后的工程计量与计价打下坚实的基础。

实 训 练 习

一、单选题

1. 当用刀开关和熔断器组成的铁壳开关直接起动容量≤4.5kW，不经常启动又无过载可能性的三相异步电动机时，开关的额定电流建议不低于电动机额定电流的(　　)倍。

  A. 3　　　　　　　B. 4.5　　　　　　C. 5　　　　　　D. 6.5

2. 空载高压长线路的末端电压(　　)始端电压。

  A. 低于　　　　　　B. 高于　　　　　　C. 等于　　　　　D. 不一定

3. 下列电气装置可不予接地或接零的是(　　)。

  A. 电气设备的传动装置　　　　　　B. 高压互感器的二次绕组

  C. 安全电压回路内的设备　　　　　　D. 电力与控制电缆金属护套

4. 保护接零所用的导线，其截面一般不应小于相线截面的(　　)。

  A. 1/2　　　　　　B. 1/3　　　　　　C. 1/4　　　　　D. 1/5

5. 一般三相负荷基本平衡的低压线路中的中性线截面不少于相线的(　　)。

  A. 100%　　　　　B. 50%　　　　　　C. 75%　　　　　D. 25%

二.多选题

1. 室内照明灯具一般可分为(　　)等安装方式。

  A. 吸顶式　　　　　B. 壁式　　　　　　C. 嵌入式

  D. 悬吊式　　　　　E. 管吊式

2. 变配电工程的主要作用是(　　)。

  A. 变换电压　　　　B. 隔离危险　　　　C. 抑制干扰

  D. 分配电能　　　　E. 防雷

3. 电力变压器是变配电站的核心设备，按照绝缘结构的不同分为(　　)。

  A. 油浸式变压器　　　　　　　　B. 自耦变压器

  C. 干式变压器　　　　　　　　　D. 隔离变压器

  E. 输出变压器

4. 变压器安装预算定额章节分为(　　)定额子项。

  A. 变压器干燥　　　　　　　　　B. 三相变压器安装

  C. 单相变压器安装　　　　　　　D. 消弧线圈安装

  E. 变压器油过滤

5. 引下线、跳线及设备连线包括(　　)之间的连线。

  A. 母线与母线　　B. 母线与设备　　C. 设备与端子箱

  D. 设备与设备　　E. 端子箱与控制屏

三、简答题

1. 简述变电站的母线类型。

2. 电气设备的接地方式有哪几种？

3. 简述防雷装置的组成。

第4章习题答案.pdf

实训工作单一

班级		姓名		日期	
教学项目		现场学习照明器具的安装			
任务	掌握照明器具安装的要求与步骤		要求	1. 掌握照明器具的分类 2. 掌握照明器具的安装要求	
相关知识			电气照明系统的相关知识		
其他要求					
学习过程记录					
评语				指导老师	

实训工作单二

班级		姓名		日期	
教学项目	防雷装置的安装				
任务	掌握防雷装置的安装组成与安装相关知识点	要求	1. 掌握防雷装置的组成 2. 掌握防雷装置的安装		
相关知识		防雷装置的相关知识			
其他要求					
学习过程记录					
评语			指导老师		

通风空调工程.pptx

通风空调工程.pdf

第 5 章　通风空调工程　05

【学习目标】

- 了解通风空调系统的基本组成及安装。
- 了解通风空调系统安装时应注意的事项。
- 理解通风空调系统调试及试运行基本知识。
- 掌握通风空调系统的计量与计价。

【教学要求】

本章要点	掌握层次	相关知识点
通风空调系统安装	1. 了解通风空调系统的基本组成 2. 了解通风空调系统安装的基础知识	通风空调系统安装
通风空调系统安装时应注意的事项	1. 掌握通风空调通风系统安装注意事项 2. 掌握通风空调通水系统安装注意事项	安装施工
通风空调系统调试及试运行	1. 理解通风(空调)系统试运转及调试 2. 了解通风空调系统的联合试运转调试	通风空调系统调试及试运行
通风空调安装工程工程量清单计量	掌握通风空调安装工程中各部件的安装计量方法	通风空调安装工程工程量清单计量
通风空调安装工程工程量清单计价	1. 了解通风空调安装工程工程量清单计价的基本组成及工作内容 2. 掌握清单中的计算规则	通风空调安装工程清单计价

【项目案例导入】

某大型超市是集购物、餐饮、娱乐为一体的大型综合性超市。该超市的建筑面积为 19.7 万平方米，总高度为 26.3m，地下一层，地上五层，总共六层，各层的功能各不相同。地下一层主要功能是汽车、自行车库和设备用房，地上五层主要功能是购物、娱乐，并且地上第五层的部分位置为办公区域，是超市的总办公地方。该超市的建筑面积大、功能全面，目前超市的各个方面都已走向成熟，是一个具有代表性的大型超市。

空调的室外设计参数：

夏季：①空调室外计算干球的温度为 31.5℃；②空调室外计算湿球的温度为 25.5℃；③室外的平均风速为 2.9m/s。

冬季：①空调室外计算温度为-23℃；②供热室外计算温度为-20℃；③室外的平均风速为 3.1m/s；④空调的冬季室外计算相对湿度是夏季的 64%(最冷月份的平均值)。

室内的具体设计参数见表 5-1 所示。

表 5-1　空调的室内设计参数

楼层功能	室内温度		新风量
	夏季	冬季	
	℃		m³/h·p
办公、超市、娱乐	26	18	25
其他辅助加工房	26	16	25

【项目问题导入】

请结合本章内容给出合理的通风空调设计。

5.1　通风空调工程基础知识

5.1.1　通风空调系统功能及安装

1. 通风空调系统功能

通风空调主要功能是为人提供呼吸所需要的氧气，稀释室内污染物或气味，排除室内工艺过程产生的污染物，除去室内的余热或余湿，提供室内燃烧所需的空气，主要用在家庭、商业、酒店、学校等建筑中。

通风空调
系统的功能.mp4

1) 通风系统分类

(1) 根据通风服务对象的不同可分为民用建筑通风和工业建筑通风；

(2) 根据通风气流方向的不同可分为排风和进风；

(3) 根据通风控制空间区域范围的不同可分为局部通风和全面通风；

(4) 根据通风系统动力的不同可分为机械通风和自然通风。

除湿机.mp4

2) 通风空调系统中包含的设备

(1) 冷热源设备。如锅炉、冷水机组、热泵机组等；

(2) 空气处理设备。分空气集中处理设备：组合式空调机组、新风机组等；末端空气处理设备：风机盘管；

(3) 通风设备。如排风机、回风机等；

通风系统分类.mp4

(4) 空调水系统设备。如冷冻水泵、冷却水泵、冷却塔等；

(5) 风系统及水系统调节控制设备。如各种阀门等。

2. 通风空调系统安装

1) 通风系统管道支吊架安装

(1) 风管支、吊架位置应准确，方向一致，吊杆要垂直，不得有扭曲现象，悬吊的风管与部件应设置防止摆动的固定点。

(2) 玻璃钢风管长度超过 20m 时，应加不少于一个固定支架，玻璃钢风管长度超过 20m 时应按设计要求加伸缩节。

(3) 主风管吊架距支管之间的距离不应小于 200mm。

(4) 空调风管吊装管道与支吊架间应加隔热木拖。

(5) 支吊架槽钢头及角钢的朝向，同一区域内应该只有两个朝向(横向和纵向)，且风管支吊架间距应统一、均匀，弯头两端均应加设支吊架。如图 5-1 所示。

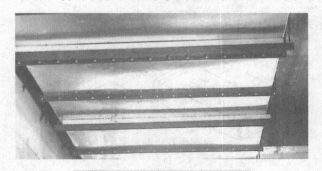

图 5-1　空调风管吊架安装示意图

(6) 吊杆距横担端头 30mm，吊杆距风管外边(保温风管指保温层外边)30mm。

(7) 安装、保温、打压等工作进行完，通过报验后，对吊杆进行切割，吊杆在螺帽外留 2～3 扣。

(8) 吊杆刷漆应均匀，颜色一致。风管安装完后，补刷一遍防锈漆。

(9) 风管弯头处、三通处、阀门处必须加吊架，管道长度超过15m，防晃支架不得少于一个。

2) 风管制作安装

(1) 施工流程。

领料→展开画线→剪切下料→倒角→咬口制作→风管折方→成型→铆法兰→翻边→检验。如图 5-2 所示。

风管安装制作流程.mp4

图 5-2　风管制作安装示意图

(2) 材料要求。

① 板材：板材不得有波浪形缺陷、弯曲变形、凹凸不平等现象。

② 型钢：无弯曲、变形现象。

(3) 主要机具。

① 机具：联合冲剪机、剪板机、卷板机、螺旋卷管、折方机、按扣式咬口折边机、电动剪刀等。

② 工具：工作台、台虎钳、电动剪、气焊、气割工具、管钳、手锤、手锯、活动扳手、电锤等。

③ 其他：钢卷尺、水准仪、水平尺、线附、石笔、小线等。

(4) 风管制作工艺。

风管制作工艺示意图如图 5-3 所示。

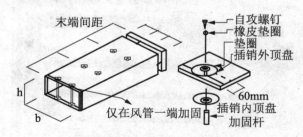

图 5-3　风管制作工艺示意图

① 画出加工草图：依据施工图纸绘制。

② 无法兰连接矩形风管制作：对于风管大边长在 120～1250mm 之间的矩形铁皮风管，应按照设计要求选材。

③ 焊接风管的制作：选择板材为 2.0mm 厚的冷轧钢板。

（5）风管安装流程。

风管→确定标高→制作吊架→设置吊点→安装就位找正找平→同步进行风管排列和风管连接→检验。

（6）风管连接。

① 风管连接时，法兰螺栓穿接方向应与风管内空气的流动方向相同，且螺丝长度应长短一致。如图 5-4 所示。

拓展资源 1.pdf

图 5-4　风管连接示意图

② 风管法兰垫料的厚度宜为 3～5mm，洁净系统不得小于 5mm。垫料与法兰平齐，不得挤入管内。

③ 安装风管时，不得拖、拉风管，以免造成划伤，影响风管的美观，甚至造成风管的损坏。

④ 玻璃钢风管连接法兰螺栓两侧应加镀锌垫圈。

⑤ 保温风管的支吊架宜设在保温层外部，不得破坏保温层。

⑥ 风管穿楼板及过墙处做法按图集相关规定进行。

⑦ 洁净风管安装时，风管、静压箱、风口及设备安装在或穿过围护结构时，其接缝应采取密封措施，做到清洁、严密。

⑧ 洁净风管安装时，法兰垫片应减少接头，接头必须采用梯形或椎形，垫片应清洁，并涂密封胶粘牢。

静压箱.avi

⑨ 风管穿伸缩缝处应采用软连接，软管长度为伸缩缝宽度加100mm。

⑩ 柔性管应松紧适度，长度为 150～250mm，不得有扭曲、受力现象，不得用柔性软管作变径管使用。

⑪ 柔性管与法兰组装可采用钢板压条方式，通过铆接使二者连接起来，铆钉间距为 60～80mm。

风口安装.avi

3）风口安装要点

（1）风口安装时，确保风口处于板中，所有风口横平竖直，处于一条直线，且确保风口与吊顶板结合紧密。

（2）风口的转动、调节部分应灵活、可靠，定位后无松动现象。风口与风管连接应严密、牢固。

（3）风口水平度 3‰，垂直度 2‰。风口应转动灵活，不得有明显划痕且与板面接触严密。如图 5-5 所示。

图 5-5　风口安装示意图

4）风机盘管安装

风机盘管安装如图 5-6 所示。

(1) 施工作业条件。

① 安装现场应具备足够的运输场地和清理设备安装地点。

② 设备型号、设备尺寸及位置应符合设计要求并应相互符合。

③ 与建设单位、设备生产企业共同进行设备的开箱检验，设备所带备件应齐备有效。资料与合格证应完备，并做好开箱检查记录。

风机盘安装.avi

(2) 材料要求。

设备安装过程中使用的符合设计要求的各类型材、垫料、螺栓、螺母、螺丝。

(3) 主要机具。

主要机具有倒链、滑轮、绳索、钢直尺、角尺、呆扳手、活动扳手，钢丝钳、螺丝刀、线坠、水平尺等。

图 5-6　风机盘管安装示意图

【案例 5-1】　本工程为某工厂车间送风系统安装，室外空气由空调箱的固定式钢百叶窗引入，经保温阀去空气过滤器过滤；然后由上通阀，进入空气加热器(冷却器)，加热或降温后的空气由帆布软管，经风机圆形瓣式启动阀进入风机，由风机驱动进入主风管；再由六根支管上的空气分布器送入室内。空气分布器前均设有圆形蝶阀，供调节风量用。

请结合本节思考风机应如何安装？安装时应注意哪些事项？

5）水泵安装

(1) 施工准备。

① 安装文件：设计图纸和泵技术资料齐全。

② 开箱检查：要在建设单位人员参加情况下，按装箱单，对照名称、型号、规格进行

检查，核对泵的主要安装尺寸是否与工程设计相符；看其表面有无损坏和锈蚀，有无缺损件，管口保护物和堵盖是否完好。泵的地脚螺栓取出保管好，保管好泵的质量合格证及说明书，认真做好泵检查验收记录并经有关人员签字。

③ 基础验收检查：对基础外观检查，不得有裂纹，蜂窝、空洞、露筋等缺陷；基础复查合格后，做好验收检查记录，由土建单位向安装单位办理中间交接手续。

(2) 施工工艺。

水泵安装施工工艺如图 5-7 所示。

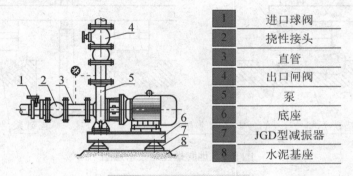

1	进口球阀
2	挠性接头
3	直管
4	出口闸阀
5	泵
6	底座
7	JGD型减振器
8	水泥基座

图 5-7　水泵安装施工工艺

① 基础放线：按施工图纸依据轴线，用墨线在基础表面弹出泵安装中心线，依据基础上土建红三角标记用钢板尺确定安装标高。

② 基础面处理：在基础放置垫铁处铲麻面，使二次灌浆时浇灌的混凝土与基础紧密结合。铲麻面的标准是 100cm 之内应有 5～6 个直径为 10～20mm 的小坑。基础面和地脚螺栓孔中的油污、碎石、泥土、积水等清除干净。

③ 泵运输就位：用道木或木方铺一条平坦通道至基础边，在与基础衔接处使通道与基础等高，道木上是滚杠，将泵滚运至基础上。

④ 找正找平：摆正水泵，在泵的进水口中心和轴中心分别用线坠吊垂线，使线锤尖和基础表面的中心线相交；在每个地脚螺栓的两侧放置两组垫铁，如图 5-8 所示，在泵长度方向两螺栓中间各放一组垫铁。使用 3 号平垫铁和斜垫铁；用钢板尺测量水泵轴中心线的高程，要求与设计要求相符，以保证水泵能在允许的吸水高度内工作；通过调整垫铁的厚度对泵进行找平，将水平仪放在泵轴上测其纵向水平，将水平仪放在泵出口法兰面上测其横向水平。

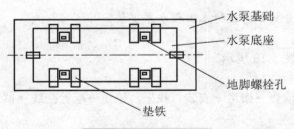

图 5-8　垫铁位置平面图

⑤ 二次灌浆：泵找正找平后，将每组垫铁相互用定位焊焊牢。灌浆处清洗洁净，并擦

尽积水。用 525 号硅酸盐水泥与细碎石配置混凝土。灌浆时应捣实，并注意不使地脚螺栓倾斜和影响泵的精度。待混凝土凝固后，其强度达到设计强度的 75% 以上时(常温下需 7 天时间)，拧紧地脚螺栓。螺栓应露出螺母，其露出长度宜为 8～10mm。对泵的位置和水平进行复查。如图 5-9 所示。

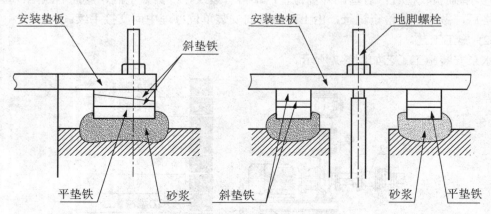

图 5-9 地脚螺栓灌浆示意图

(3) 水泵试运转。

① 试运转前检查；

② 电动机试运转；

③ 无负荷试运转；

④ 负荷试运转。

(4) 成品保护。

拓展资源 2.pdf

① 泵的进出口在配管前一定要堵塞好，防止异物进入。

② 泵的地脚螺栓上的油污和氧化皮等应清除洁净，螺纹部分应涂少量油脂。

③ 地脚螺栓灌浆在养生期间应每天洒水养护，不得碰触泵或进行安装工作。

④ 严禁非操作人员随意开关泵。

⑤ 试运转后应放净泵内积存水，防止锈蚀和冻裂。

【案例 5-2】 莱钢银山型钢 3#高炉鼓风机站循环水系统工程，水泵型号有 250SS30 型二台、400SS53ATJ 型三台。管道规格有 DN700、DN600、DN400 等。管道安装走向：由水泵房与冷却塔循环水管道连接，并与鼓风机站主厂房和 TRT 室外管道连接，组成一个整体的管网。

请结合本章内容分析如何进行本工程水泵安装？

6) 空调设备安装

空调设备安装如图 5-10 所示。

(1) 工艺流程。

基础验收→开箱检查→搬运→安装、找平、校正→配管配线→试运转→检查验收。

(2) 施工机具。

吊装机具、活动扳手、铁锤、钢丝钳、螺丝刀、水平尺、钢板尺、线垂、平板车、高凳、电锤、各机组随机工具以及各类压力表、温度计等。

（3）施工方法。

① 基础验收：设备安装前应根据设计图纸对设备基础进行全面检查，检查其是否符合尺寸要求。

图 5-10　暖通空调安装示意图

暖通空调.avi

② 设备搬运。

起重工专人指挥、使用的工具及绳索必须符合安全要求。对于设备重量超过 2t，安装高度超过 24m 的应给出设备运输、吊装方案、就位方案，并报技术科、总工鉴定认可，如图 5-11 所示。

图 5-11　高空空调吊装示意图

拓展资源 3.pdf

③ 设备吊装方案。

④ 设备的水平度要求：对于容积式制冷机组：应在压缩机底座或顶部加工面上校正水平。机组纵向和横向的水平允差为 1.5/1000。

⑤ 对于空调箱及制冷机组冷冻水，冷却水的供、回接管应按设备样本要求连接，防止出现囊阻。

⑥ 设备附属的自控设备和观测仪器，仪表安装应按设备技术文件及设计资料规定执行，各类型机组有不同要求。

⑦ 设备试运转。

（4）施工要求。

（5）质量标准。

（6）施工安全。

制冷装置.avi

【案例 5-3】 ××酒店是一栋大型现代酒店，总建筑面积超过 $16000m^2$。该办公大楼总共六层，空调工程由三个系统组成，冷(热)源均采用闭式循环，同程式布置。采用风机盘加新风或吊挂式空调机通过风管传到需要处，达到采暖(降温)要求。热水供应采用原建筑已有热水锅炉供水，利用管道向各客房供应。

请结合本节内容分析如何设计该酒店的通风空调与热水安装系统。

5.1.2 通风空调安装注意事项

1. 通风系统施工注意事项

1) 对风管高宽比的控制

现行施工过程中存在有些建设单位为了片面追求建筑空间的利用、室内吊顶造型的美观而随意改变通风管道高宽比的现象，认为只要风管截面积与原设计保持不变即可保证风量不变。但这种做法会造成通风系统阻力增加，破坏原设计系统分支管路的阻力平衡，导致整个通风系统风量分配不均，影响使用效果。因此，在施工过程中应严格按照原设计风管的高宽比进行施工，如确实需要更改风管规格尺寸，也必须经设计人员复核，征得同意后方可改动。

通风系统施工
注意事项.mp4

2) 镀锌钢板风管制作过程中的注意要点

目前，镀锌钢板风管在工程中应用较为广泛，如图 5-12 所示。对风管的加工制作工艺要格外引起重视。为保证通风系统运行稳定、循环畅通，做到不漏风、密封严，应对风管咬口、折边、法兰等连接密闭部位重点检查。

图 5-12 镀锌钢板示意图

(1) 风管折边、咬口。

风管与法兰连接的翻边应平整、宽度应一致，不得有开裂与孔洞，也不允许出现法兰与直管棱线不垂直、翻边宽度宽窄不一等现象。在风管与小部件、设备连接的部位及风管分支处应引起足够重视，这些部位的施工应保证严密不泄露，较难处理的地方如果产生缝隙需采用密封胶堵严。风管咬口宽度应严格按照钢板厚度进行控制，偏差不得超过规范允许值。咬口完成后的风管观感质量检验标准为：圆弧均匀、折角平直、表面凹凸不得大于

5mm、两端面平行、无翘角。咬口缝合要紧密，不能出现有半咬口或胀裂现象。

(2) 弯管导流叶片。

为减少系统的局部阻力，保证通风效果，对通风管道中的弯管、变径管、三通及风管套管等部件的加工制作要重点关注。当矩形风管采用内外弧形弯头时，风管的内弧半径 r 与弯管边长 a 之比应有 $r/a>0.25$；当 $a>500\text{mm}$，且 $r/a\leqslant0.25$ 时，必须设置导流叶片，其弧度应与弯头自身的弧度相等。当采用内弧线矩形弯头、内斜线矩形弯头时，若弯头的平面边长 $a>500\text{mm}$，则必须加设导流叶片。如图 5-13 所示。

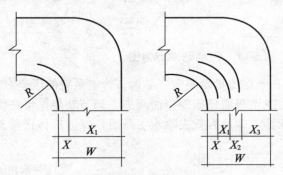

图 5-13　带导流叶片的弯头

(3) 风管连接及泄光检验。

风管接口的连接应严密。风管法兰的垫片不应凸入到管内，也不宜突出在法兰外。风管与砖、混凝土风道连接时，应顺着气流方向插入，接口处采取密封措施；风管出屋面处按规范、图集安装防雨罩，并采取防风措施。风管系统安装完成后，必须进行严密性试验，按系统压力等级不同可采用漏光法或漏风量法。此道工序应由建设单位、监理单位、施工单位三方在现场共同检验，进行质量把关。

风管连接.avi

2. 空调水系统施工注意事项

1) 管道制备与安装

对即将安装管道仔细检查，察看有无局部的"凸起"或"凹陷"，否则在空调水系统循环运行时，会在管路上形成相应气囊，影响循环效果。所以在管道装卸、运输、搬运时要提醒工人格外注意，采取相应的保护措施，防止管道磕碰变形。对已经变形的管道则应在安装前予以矫正或更换。

空调水系统施工
注意事项.mp4

2) 关键阀门部件安装注意事项

(1) 管道系统电动阀门在安装前应先进行模拟动作试验，可预先进行驱动器通电，检查其机械传动部位是否灵活，有无松动、卡滞现象，防止安装后出现问题影响循环效果，避免重复拆卸、更换。

(2) 为满足管路内介质正常流动，立式升降式止回阀应安装在垂直管路上，立管介质从下向上进入。旋启式止回阀安装时，应使摇板的旋转轴处于水平位置，以保证循环管路处于最佳工作状态。

(3) 为了便于精确测量与控制管道系统流量，安装平衡阀时，在阀体前后分别留有 5 倍及 2 倍管道直径的直管长度。而当平衡阀安装在水泵或控制阀后面时，在阀体前需预留出的直管段长度至少为 10 倍管道直径，如图 5-14 所示。

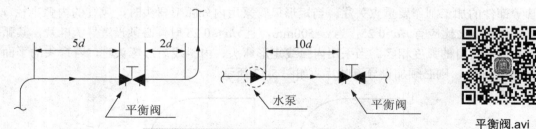

平衡阀.avi

图 5-14   平衡阀安装示意图

(4) 压差平衡阀可在一定流量范围内自动调节管道系统的压差恒定，应安装于回水管路上。为避免因水质差造成堵塞而使压差平衡阀失去调节功能，可在供水测压点及回水测压点前分别安装一个过滤器，即可有效去除水中杂质，保证阀体正常工作，压差平衡阀安装示意图如图 5-15 所示。

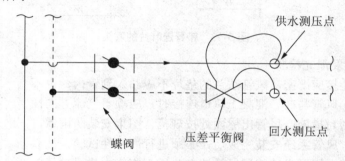

图 5-15   压差平衡阀安装示意图

3. 保温技术要求

为保证空调系统冷冻水、冷却水在设计温度下正常循环，节约能源，必须重视管道系统的保温工作，尤其是一些细部环节、重点部位的保温处理，更是重中之重。

(1) 严格把关材料进场检验工作，应严格执行设计文件的要求规定，确保所用材料为正规厂家生产的合格产品。

(2) 要对绝热材料的热导率、密度、耐热性、含水率、机械强度等物理、化学性能进行复试，核对材料的各项性能指标是否满足设计要求。除常规的管道保温之外，要对以下部位重点加以关注：保冷设备与管道上的裙座、吊耳、仪表管座、表弯等附件应采取保温措施，否则这些附件不但容易产生"冷桥"效应，引起能量损失，还会因表面有冷凝水析出而浸渍破坏其他设备绝热层，引起管道锈蚀老化。

(3) 为了便于平时拆卸、检修，在过滤器的法兰盖外侧应做可拆卸保温。对于穿越墙体、楼板部位的管道应注意在套管内部做好密实保温。管道与设备的结合处也不可疏忽大意，要认真做好保温工作，保证严密无缝隙。保温管道与支吊架之间必须加设绝热衬垫，防止管道局部形成"冷桥"，造成不必要的能源浪费及冷凝水的产生，衬垫应选用热沥青浸泡过的硬木双合管夹，其厚度应大于管道保温层厚度，宽度应大于支吊架支承面的宽度。

5.1.3　通风空调系统调试试运行

1. 通风(空调)系统试运转及调试

通风(空调)系统安装完毕后，系统正式投入使用前，必须进行系统试运转及调试，其目的是使所有的通风(空调)设备及系统，能按照设计要求达到正常可靠的运行；通过试运转及调试，可以发现并消除通风(空调)设备及系统的故障、施工安装的质量问题以及工艺上不合理的部分。

通风(空调)系统试运转及调试可分为：准备工作、设备单体试运转、无生产负荷联合试运转、竣工验收、综合效能试验五个阶段进行。

2. 通风空调系统的联合试运转调试

通风空调系统的联合试运转调试是重中之重，关系到工程最终使用功能的实现与能源利用效率的高低。空调系统带冷源的正常试运转应大于 8h，测定和调整的范围主要为空调水系统、空调通风系统。在联合试运转时要具体问题具体分析，如果系统风量达不到设计要求，应按照以下原因依次排除：进出风管是否有堵塞现象、风管及连接部位是否漏风、风机选型是否符合设计要求、风机叶轮及轴是否有松动或卡滞现象等。如风机盘管冷热风效果不佳，则应依次检查调节阀开度是否合理，盘管是否堵塞，是否存有空气，滤网是否堵塞，进出风口是否布置不合理而导致气流短路。

通风系统.avi

通风.avi

通风空调系统试
运转及调试.mp4

如仍未解决问题，则应考虑供回水系统水流量是否不足，系统压力损失是否平衡。在空调水系统调试中往往存在一个认识误区：空调系统末端效果差是由于系统总水量偏小、压力不足引起的。这种想法过于简单，不能有效地解决问题，盲目地更换大流量水泵会导致系统能耗无谓的增加。而应该通过对整个水系统的阻力调节平衡加以实现，要分步检查是否存在管道气囊、过滤器等，是否存在脏堵，再通过调节各管道支路上的压差调节阀来达到系统阻力平衡。在施工过程中也应注意通过合理的管道布置与交叉处理减小系统阻力，而不是简单地更换水泵，从而避免"大马拉小车"现象的发生。

在通风空调工程施工安装过程中，必须对重点部位、关键工序加以重视，对设计方案提前进行熟悉和优化，对以往施工过程中的经验教训进行总结。在施工过程中应尽可能多地采用各类新技术、新工艺以及各种经实践证明的行之有效的经验作法，避免能量的无端浪费，实现通风空调系统的高效率运行。

5.2　通风空调安装工程工程量清单计量

1. 管道制作安装

(1) 风管制作安装以施工图示不同规格按展开面积计算，不扣除检查孔、测定孔、送风口、吸风口等所占面积。

$$圆管\ F=\pi\times D\times L \tag{5-1}$$

式中：F——圆形风管展开面积(以 m^2 为计量单位)；

　　　D——圆形风管直径；

　　　L——管道中心线长度。

矩形风管按图示周长乘以管道中心线长度计算。

(2) 风管长度一律以施工图示中心线长度为准(主管与支管以其中心线交点划分)，包括弯头、三通、变径管、天圆地方等管件的长度，但不得包括部件所占长度。直径和周长按图示尺寸展开为准，咬口重叠部分已包括在估价表内，不得另行增加。

(3) 风管导流叶片制作安装按图示叶片面积计算。

(4) 整个通风系统设计采用渐缩管均匀送风的，圆形风管按平均直径、矩形风管按平均周长计算。

(5) 塑料风管、复合型材料风管制作安装项目所列规格直径为内径，周长为内周长。

(6) 柔性软风管安装，按图示管道中心线长度以"m"为计量单位，柔性软风管阀门安装以"个"为计量单位。

(7) 软管(帆布接口)制作安装，按图示尺寸以"m^2"为计量单位。

(8) 风管检查孔重量，按"国标通风部件标准重量表"计算。

(9) 风管测定孔制作安装，按型号以"个"为计量单位。

(10) 薄钢板通风管道、净化通风管道、铝板通风管道、塑料通风管道的制作安装及玻璃钢通风管道安装子目中，已包括法兰(铝板通风管道中法兰除外)、加固框和吊托支架，不得另行计算。

(11) 不锈钢通风管道制作安装不包括法兰和吊托支架，铝板通风管道制作安装不包括法兰，其工程量可按相应项目以"kg"为计量单位另行计算。

【案例 5-4】 某试验楼排风工程施工图，是编制该通风工程施工图预算。施工图设计说明如下：

(1) 实验楼各实验室通风柜排风采用 P1～P4 系统。其风管规格、走向、风机规格型号、安装方式等完全相同。

(2) 排风管采用厚度为 4mm 硬聚氯乙烯板制成，在每个通风柜与风管连接处，安装 $\phi250$ 塑料蝶阀一个，在通风机进口处安装 $\phi600$ 塑料圆形拉链式蝶阀一个。

(3) 通风机采用 4-72 型离心式塑料通风机。

(4) 通风机基础采用钢支架，用 8# 槽钢和 L50×5 角钢焊接制成。钢架下垫 $\phi100×40$ 橡皮防震共 4 点，每点 3 块，其下再做素混凝土基础及软木一层。在安放钢架时，基础必须校正水平，钢支架除锈后刷红丹防锈漆一遍，灰调和漆二遍。

请结合上下文分析给出该工程的排风设计方案。

2. 部件制作安装

(1) 标准部件的制作，按其成品重量以"kg"为计量单位，根据设计型号、规格，按"国标通风部件标准重量表"计算重量，非标准部件按图示成品重量计算。部件的安装按图示规格尺寸(周长或直径)以"个"为计量单位，分别执行相应项目。

(2) 钢百叶窗及活动金属百叶风口的制作以"m²"为计量单位，安装按规格尺寸以"个"为计量单位。

(3) 风帽筝绳制作安装按图示规格、长度，以"kg"为计量单位。

(4) 风帽泛水制作安装按图示展开面积以"m²"为计量单位。

(5) 挡水板制作安装按空调器断面面积计算。

(6) 钢板密闭门制作安装以"个"为计量单位。

(7) 设备支架制作安装按图示尺寸以"kg"为计量单位。

(8) 电加热器外壳制作安装按图示尺寸以"kg"为计量单位。

(9) 风机减震台座制作安装执行设备支架项目，估价表内不包括减震器，应按设计规定另行计算。

(10) 高、中、低效过滤器，净化工作台安装以"台"为计量单位，风淋室安装按不同重量以"台"为计量单位。

(11) 洁净室安装按重量计算。

3. 通风、空调设备安装

(1) 风机安装按设计不同型号以"台"为计量单位。

(2) 整体式空调机组、空调器安装按不同重量和安装方式以"台"为计量单位；分段组装式空调器按重量以"kg"为计量单位。

(3) 风机盘管安装按安装方式不同以"台"为计量单位。

(4) 空气加热器、除尘设备按安装重量不同以"台"为计量单位。

4. 刷油、保温

(1) 风管及部件刷油、保温工程，执行估价表《刷油、防腐蚀、绝热工程》相应项目。

(2) 风管刷油与风管制作工程量相同。

(3) 风管部件刷油按部件重量计算。

(4) 风管部件以及单独列项的支架除锈，不分锈蚀程度一律执行有关轻锈子目。

刷油保温.mp4

5. 调节阀、消声器制作安装

设计造型是标准调节阀、消声器，它们的制作安装工程量，可依设计型号规格查阅标准图或查阅相关定额得出其标准重量，以"100kg"为单位，根据定额列项方法分别计算；非标准部件，按成品重量计算。

调节阀、消声器
制作安装.mp4

6. 风口、风帽、罩类制作安装

(1) 标准风口制作、风帽、罩类制作安装依设计型号，查阅标准部件重量表，按其重量，以"100kg"为单位进行计算，风口为非标准部件时按成品重量计算。

(2) 钢百叶窗及活动金属百叶风口制作，以"m²"为单位进行

风帽.avi

计算。

(3) 风管插板风口制作安装，以"个"为单位计算。

(4) 各类风口安装，分别根据风口周长(或直径)不同分别以"个"计，钢百叶窗根据框内面积不同以"个"计。

(5) 风帽笭绳制作安装按重量，以"100kg"为单位计算。

(6) 风帽制作安装泛水按面积以"m²"为单位计算。

7. 空调部件及设备支架制作安装

(1) 金属空调器壳体、滤水器、溢水盘，设计安装为标准部件时，根据标准图，得出其重量，以"100kg"为单位计算。设计为非标准部件时，按成品重量计算。

(2) 挡水板按空调器断面面积计算。

(3) 密封门按个计算。

(4) 设备支架，根据图纸按重量以"100kg"为单位计算。

(5) 电加热器外壳依图纸按重量计算。

空调部件及设备
支架安装.mp4

8. 净化通风管道及部件制作安装

(1) 通风管道制作安装的计算方法同薄钢板通风管道。

(2) 高、中、低效过滤器，净化工作台，单人风淋室安装，以"台"计算。

(3) 洁净室安装按重量计算。

净化工作台.avi

9. 不锈钢板通风管道及部件制作安装

不锈钢板通风管道及部件制作安装与薄钢板通风管道和部件的制作安装相同。

10. 铝板通风管道及部件制作安装

铝板通风管道及部件制作安装与薄钢板通风管道和部件的制作安装相同。

11. 塑料通风管道及部件制作安装

塑料通风管道及部件制作安装与薄钢板通风管道和部件的制作安装相同。

12. 玻璃钢通风管道及部件制作安装

玻璃钢通风管道及部件制作安装与薄钢板通风管道和部件的制作安装相同。

13. 通风空调管道、设备刷油及绝热工程

(1) 薄钢板风管刷油按其展开面积，以"10m²"为单位计算。

(2) 风管部件刷油按其重量，以"100kg"为单位计算。

(3) 管道及设备绝热主材以"m³"为单位计算。

(4) 风管保温层保护壳工程量以"m²"计算。

(5) 保护壳刷油以"10m²"为单位计算。

通风空调管道、设备
刷油及绝热过程.mp4

5.3　通风空调安装工程工程量清单计价

本节以下所有清单计价表详见二维码。

(1) 通风空调设备及部件制作安装工程量清单项目设置、项目特征描述的内容、计量单位及工程量计算规则，应按二维码中的表 5-2 的规定执行。

(2) 通风管道制作安装工程量清单项目设置、项目特征描述的内容、计量单位及工程量计算规则，应按二维码中的表 5-3 的规定执行。

(3) 通风管道部件制作安装工程量清单项目设置、项目特征描述的内容、计量单位及工程量计算规则，应按二维码中的表 5-4 的规定执行。

拓展资源 4.pdf

(4) 通风工程检测、调试工程量清单项目设置、项目特征描述的内容、计量单位及工程量计算规则，应按二维码中的表 5-5 的规定执行。

(5) 相关问题及说明。

① 通风空调工程适用于通风(空调)设备及部件、通风管道及部件的制作安装工程。

② 冷冻机组站内的设备安装、通风机安装及人防两用通风机安装，应按《通用安装工程工程量计算规则》附录 A 机械设备安装工程相关项目编码列项。

③ 冷冻机组站内的管道安装，应按《通用安装工程工程量计算规则》附录 H 工业管道工程相关项目编码列项。

④ 冷冻站外墙皮以外通往通风空调设备的供热、供冷、供水等管道，应按《通用安装工程工程量计算规则》附录 K 给排水、采暖、燃气工程相关项目编码列项。

⑤ 设备和支架的除锈、刷漆、保温及保护层安装，应按《通用安装工程工程量计算规则》附录 M 刷油、防腐蚀、绝热工程相关项目编码列项。

5.4　通风空调安装工程计算案例

【实训 1】　如图 5-16 所示为一直径为 0.8m 的塑料通风管道($\delta=2mm$，焊接)，试计算该管道的清单工程量。

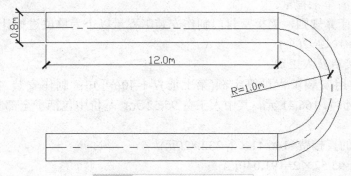

图 5-16　塑料通风管道示意图

【解】　(1) 清单工程量。

风管制作安装以施工图示不同规格按展开面积计算，不扣除检查孔、测定孔、送风口、吸风口等所占面积。

$$圆管\ F=\pi\times D\times L$$

式中：F——圆形风管展开面积(以 m^2 为单位)；

　　　D——圆形风管直径；

　　　L——管道中心线长度。

管道中心线长度 $L=12.0+3.14\times1.0/2+12.0=25.57(m)$

管道工程量 $F=3.14\times0.8\times25.57=64.23(m^2)$

(2) 计价。

定额工程量同清单工程量为 $64.23m^2$。

套用河南省通用安装工程预算定额(第七册)7-2-23 得：

① 人工费：$6.423\times1516.60=97411.218(元)$

② 材料费：$6.423\times296.81=1906.410(元)$

③ 机械费：$6.423\times119.25=765.942(元)$

④ 管理费：$6.423\times331.05=2126.334(元)$

⑤ 利润：$6.423\times170.15=1092.873(元)$

综合单价：$6.423\times(1516.60+296.81+119.25+331.05+170.15)=15632.68(元)$

【实训 2】　某通风系统采用 $\delta=2mm$ 的薄钢板圆形渐缩风管均匀送风，风管大头直径 $D=880mm$，小头直径 $D=320mm$，管长 100m，试计算安装费。

【解】　(1) 清单工程量。

① 风管平均直径 $D=(880+320)/2=600(mm)$

② 风管安装工程量 $F=\pi\times D\times L=3.14\times0.6\times100=188.4(m^2)=18.84(10m^2)$

(2) 计价。

直径为 600mm、$\delta=2mm$ 的薄钢板圆形风管套用河南省通用安装工程预算定额(第七册)7-2-23 得：

安装费为 $1.884\times2807.64=5289.59(元)$

【实训 3】　试计算 2 个 T704-7 钢板密闭门 1200×500(不带视孔)的工程量、直接费及人工费。

【解】　(1) 清单工程量。

根据工程量计算规则，钢板密封门制作安装工程量以个为单位进行计算：钢板密封门制作安装工程量$=1\times2=2(个)$

(2) 计算直接费及人工费。

由河南省通用安装工程预算定额(第七册)7-1-40 可知：制作安装 1 个钢板密封门 (1200×500)，基价为 166.41 元，其中人工费 95.52 元，基价中包括了全部制作材料的费用，属于完全基价。

钢板密封门的直接费$=166.41\times2=332.82(元)$

其中人工费$=95.52\times2=191.04(元)$

【实训 4】某通风工程不锈钢板圆形风管，施工时采用手工氩弧焊，设风管直径为500mm，壁厚 2mm，试确定其定额基价。

【解】　直径为 500mm，壁厚为 2mm 的不锈钢板圆形风管，套用河南省通用安装工程预算定额(第七册)7-2-42。采用手工氩弧焊时，其人工应乘以系数 1.238，材料乘以系数 1.163，机械乘以系数 1.673。

因此，该风管手工氩弧焊定额基价=定额计价+定额人工费×(1.238-1)+定额材料费×(1.163-1)+定额机械费×(1.673-1)=4673.70+2444.15×(1.238-1)+349.48×(1.163-1)+580.60×(1.673-1)=5703.12(元)。

【实训 5】　某通风工程要安装 D=660mm 薄钢板风管 100m(δ=2mm 焊接)。风管由甲方供应，乙方安装风管，试计算直接安装费。

【解】　(1) 由河南省通用安装工程预算定额(第七册)7-2-43 可知：综合单价为 4332.96元，其中人工费 2104.66 元，材料费 564.40 元，机械费 549.59 元。

(2) 风管制作、安装费用划分比例为：安装部分人工费占 40%，材料费占 5%，机械费占 5%。

(3) 风管工程量：$F=\pi\times D\times L/10=3.14\times 0.66\times 100\div 10=20.72(10m^2)$

(4) 定额直接安装费：(2104.66×40%+564.40×5%+549.59×5%)×20.72
　　　　　　　　　　=897.56×20.72=18597.52(元)

本 章 小 结

通过本章的学习，学生们主要学习了通风空调系统的基本组成、通风空调系统安装的基础知识、通风空调通风系统、水系统安装注意事项；了解了通风(空调)系统试运转及调试、通风空调系统的联合试运转调试，并重点掌握了通风空调安装工程中各部件的安装计量方法及计算规则，并会简单的清单计算。为以后的学习和工作打下了坚实的基础。

实 训 练 习

一、单选题

1. 《通风与空调工程施工质量验收规范》规定，下列属风管配件的是(　　)。
   A. 风管系统中的风管、风管部件、法兰和支吊架等
   B. 风管系统中的各类风口、阀门、排气罩、风帽、检查门和测定孔等
   C. 风管系统中的吊杆、螺丝、风机、电动机等
   D. 风管系统中的弯管、三通、四通、各类变径及异形管、导流叶片和法兰等

2. 《通风与空调工程施工质量验收规范》规定，防排烟系统联合试运行与调试的结果(　　)，必须符合设计与消防的规定。
   A. 风量及正压　　B. 设备运行　　C. 机械运行　　D. 试运行

3. 《通风管道技术规程》规定，非金属风管在使用胶粘剂或密封胶带前，应清除风管

粘贴处的( )等。

 A. 氧化膜及脱脂   B. 油渍、水渍、灰尘及杂物

 C. 飞边、毛刺   D. 锈渍、裂纹

4.《通风管道技术规程》规定，钢板矩形中、低压系统风管边长≤320mm时，其风管板材厚度为( )。

 A. 0.5mm   B. 0.75mm   C. 1.0mm   D. 1.2mm

5.《通风管道技术规程》规定，钢板矩形风管制作时，镀锌钢板或彩色涂层钢板的拼接，应采用( )，且不得有十字形拼接缝。

 A. 铆接或焊接   B. 咬接或铆接   C. 搭接或角接   D. 对接或角接

6.《通风管道技术规程》规定，钢板矩形风管制作时，彩色涂层钢板的涂塑面应设在风管( )，加工时应避免损坏涂塑层，损坏的部分应进行修补。

 A. 外侧   B. 上侧   C. 内侧   D. 下侧

7.《通风管道技术规程》规定，钢板矩形风管制作时，焊接风管可采用( )三种形式。

 A. 搭接、角接和对接   B. 点接、铆接和扣接

 C. 咬接、扣接或铆接   D. 咬接、对接或角接

8. 通风机传动装置的外露部位以及直通大气的( )，必须装设防护罩或采取其他安全设施。

 A. 进口   B. 出口   C. 进、出口   D. 进口或出口

9. 防排烟系统联合试运行与调试的结果，必须符合( )的规定。

 A. 设计   B. 消防

 C. 设计与消防   D. 设计或消防

10. 通风与空调工程施工质量的保修期限，自竣工验收合格日期计算为( )。

 A. 两年   B. 一年

 C. 两个采暖、供冷期   D. 一个采暖、供冷期

11. 镀锌钢板及各类含有符合保护层的钢板，应采用( )，不得采用影响其保护层防腐性能的焊接连接方法。

 A. 铆接   B. 咬口连接

 C. 咬口连接或铆接   D. 氩弧焊接

二、多选题

1. 根据《通风与空调工程施工质量验收规范》规定，防排烟系统工程包括下列分项工程中的( )。

 A. 风管与配件制作   B. 部件制作

 C. 风管系统安装   D. 风管与设备防腐

 E. 工程验收

2. 根据《压缩机、风机、泵安装工程施工及验收规范》规定，风机试运转，应符合( )要求。

 A. 启动时，各部位无异常现象；当有异常现象时应立即停机检查，查明原因并应消除

B. 风机安装

C. 系统调试

D. 启动后调节叶片时，其电流不得大于电动机的额定电流值

E. 运行时，风机可以停留在喘振区内

3. 根据《通风管道技术规程》规定，属于金属风管板材连接形式的是(　　)。

　　A. 单咬口　　　　　B. 联合角咬口　　　C. 转角咬口

　　D. 插接式咬口　　　E. 立咬口

4. 风管系统按其系统的工作压力划分为三个类别，其类别包括(　　)。

　　A. $P \geqslant 1500\text{Pa}$　　　　B. $500\text{Pa} < P \leqslant 1500\text{Pa}$

　　C. $P \leqslant 500\text{Pa}$　　　　D. $P > 1500\text{Pa}$　　　E. $P < 500\text{pa}$

5. 防火风管的(　　)必须为不燃材料，其耐火等级应符合设计的规定。

　　A. 支架　　　　　　B. 本体　　　　　　C. 框架

　　D. 固定材料　　　　E. 密封垫料

6. 柔性短管应(　　)。

　　A. 防火　　　　　　B. 防腐　　　　　　C. 防潮

　　D. 不透气　　　　　E. 不易霉变

三、简答题

1. 风管与部件安装前应具备哪些施工条件?

2. 空调风管和冷热水管支吊架选用的绝热衬垫除满足设计要求外，还应符合哪些规定?

3. 风管安装应符合哪些规定?

4. 通风空调系统检测与试验项目包括哪些内容?

第5章习题答案.pdf

实训工作单一

班级		姓名		日期	
教学项目		现场学习风管制作安装			
学习项目	施工流程、施工机具、材料、施工工艺、安装流程	学习要求		1. 掌握风管制作安装的施工流程、施工机具、材料； 2. 掌握风管制作施工工艺； 3.掌握风管制作安装流程	
相关知识		风口安装、风机盘管			
其他内容					
学习记录					
评语				指导老师	

实训工作单二

班级		姓名		日期	
教学项目		现场学习通风空调系统调试试运行			
学习项目	通风(空调)系统试运转及调试、通风空调系统的联合试运转调试		学习要求	熟悉通风(空调)系统试运转及联合试运转	
相关知识			试运转的方法及注意事项		
其他内容					
学习记录					
评语				指导老师	

第6章 消防工程

06

【学习目标】

- 了解消防系统的组成与分类等基本知识。
- 了解建筑消防设施及消防系统基本知识。
- 了解消防安全性保障基本知识。
- 掌握消防工程的计量与计价。

【教学要求】

本章要点	掌握层次	相关知识点
消防系统的组成与分类	1. 了解消防工程的基本组成 2. 了解消防工程的分类	消防系统的组成与分类
建筑消防设施	1. 掌握消防设施的作用 2. 掌握消防设施的分类	建筑消防设施
消防系统	掌握消防系统的分类及每种分类的概念、组成及原理	消防系统
消防安全性保障	掌握消防安全性保障主要措施	消防安全性保障
消防工程工程量清单计价	1. 了解消防工程工程量清单计价的基本组成及工作内容 2. 掌握清单中计算规则	消防工程工程量清单计价

【项目案例导入】

绿洋酒店位于珠海市情侣南路，整个工程由主楼和附楼组成，地下一层为汽车库、保龄球馆、桑拿房，主楼一至三层为中、西餐厅，多功能厅等。四层以上为客房，楼高十一层。附楼一层为水泵房、配电房、空调机房等；二层为行政办公室、员工餐厅、更衣间；三层为天台花园；夹层为管道层；四层至十一层为客房。天台安装热水锅炉、空调冷却塔、排烟风机等。附楼建筑高度为 55m，总建筑面积 28000m^2。

【项目问题导入】

请结合本章内容给出火灾自动报警及消防联动控制系统的方案。

6.1　消防工程概述

6.1.1　消防系统的组成与分类

1. 消防系统的组成

消防系统主要由两大部分组成：一部分为感应机构，即火灾自动报警系统；另一部分为执行机构，即灭火及联动控制系统。

火灾自动报警系统由探测器、手动报警按钮、报警器和警报器等构成，以完成检测火情并及时报警之用。

灭火系统的灭火方式分为液体灭火和气体灭火两种，常用的是液体灭火方式。目前国内经常使用的消火栓灭火系统和自动喷水灭火系统，无论哪种灭火方式，其作用都是：当接到火警信号后立即执行灭火任务。联动系统有火灾事故照明及疏散指示标志、消防专用通信系统及防排烟设施等，均是为火灾时人员较好地疏散、减少伤亡所设。

消防系统的组成.mp3

综上所述，消防系统的主要功能是：自动捕捉火灾探测区域内火灾发生时的烟雾或热气，从而发出声光报警并控制自动灭火系统，同时联动其他设备的输出接点，控制事故照明及疏散标记、事故广播及通信、消防给水和防排烟设施，以实现监测、报警和灭火的自动化。

2. 消防系统的类型

消防系统的类型，如按报警和消防方式可分为以下两种：

(1) 自动报警，人工消防。中等规模的旅馆在客房等处设置火灾探测器，当火灾发生时，在本层服务台处的火灾报警器发出信号，同时在总服务台显示出某一层(或某分区)发生火灾，消防人员根据报警情况采取消防措施。

(2) 自动报警，自动消防。这种系统与上述不同点在于：在火灾发生处可自动喷洒水进行消防。而且在消防中心的报警器附设有

消防系统的类型.mp3

直接通往消防部门的电话。消防中心在接到火灾报警信号后，立即发出疏散通知(利用紧急广播系统)并开动消防泵和电动防火门等防火设备。

6.1.2 建筑消防设施

1. 建筑消防设施的作用

不同建筑根据其使用性质、规模和火灾危险性的大小，需要有相应类别、功能的建筑消防设施作为保障。建筑消防设施的主要作用是及时发现和扑救火灾、限制火灾蔓延的范围，为有效地扑救火灾和疏散人员创造有利条件，从而减少火灾造成的财产损失和人员伤亡。具体作用主要包括防火分隔、火灾自动(手动)报警、电气与可燃气体火灾监控、自动(人工)灭火、防烟与排烟、应急照明、消防通信以及安全疏散、消防电源保障等方面。建筑消防设施是保证建(构)筑物消防安全和人员安全疏散的重要设施，是现代建筑的重要组成部分。

建筑消防设施
的作用.mp3

2. 建筑消防设施的分类

现代建筑消防设施种类多、功能全，使用普遍。按其使用功能不同划分，常用的建筑消防设施有以下 15 类。

(1) 建筑防火分隔设施。

建筑防火分隔设施是指在一定时间能把火势控制在一定空间内，阻止其蔓延扩大的一系列分隔设施。各类防火分隔设施一般在耐火稳定性、完整性和隔热性等方面具有不同要求。常用的防火分隔设施有防火墙、防火隔墙、防火门窗、防火卷帘、防火阀、阻火圈等。如图 6-1 所示。

建筑防火分隔设施.mp3

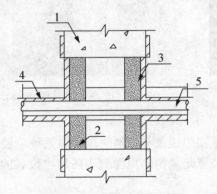

图 6-1　建筑防火分隔构造

安全疏散设施.mp3

(2) 安全疏散设施。

安全疏散设施是指在建筑发生火灾等紧急情况时，及时发出火灾等险情警报，通知、引导人们向安全区域撤离并提供可靠的疏散安全保障条件的硬件设备与途径。包括安全出口、疏散楼梯(如图 6-2 所示)、疏散(避难)走道、消防电梯、屋顶直升飞机停机坪、消防应急照明和安全疏散指示标志等。

建筑防火分隔构造.avi

图 6-2　疏散楼梯示意图

耐高温不锈钢
消防水箱.mp4

(3) 消防给水设施。

消防给水设施是建筑消防给水系统的重要组成部分，其主要功能是为建筑消防给水系统储存并提供足够的消防水量和水压，以确保消防给水系统供水安全。消防给水设施通常包括消防供水管道、消防水池、消防水箱(如图 6-3 所示)、消防水泵、消防稳(增)压设备、消防水泵接合器等。

(4) 防烟与排烟设施。

建筑的防烟设施分为机械加压送风的防烟设施和可开启外窗的自然排烟设施。建筑的排烟设施分为机械排烟设施和可开启外窗的自然排烟设施。建筑机械防烟与排烟设施是由送、排风管道，管井，防火阀，门开关设备，送、排风机等设备组成。如图 6-4 所示。

图 6-3　耐高温不锈钢消防水箱

图 6-4　防排烟设施示意图

(5) 消防供配电设施。

消防供配电设施是建筑电力系统的重要组成部分，消防供配电系统主要包括消防电源、消防配电装置、线路等方面。消防配电装置是从消防电源到消防用电设备的中间环节。

(6) 火灾自动报警系统。

火灾自动报警系统由火灾探测触发装置、火灾报警装置、火灾警报装置以及其他辅助功能装置组成，能在火灾初期，将燃烧产生的烟雾、热量、火焰等物理量，通过火灾探测器变成电信号，传输到火灾报警控制器，并同时显示出火灾发生的部位、时间等，让人们能够及时发现火灾，并及时采取有效措施。火灾自动报警系统按应用范围可分为区域报警系统、集中报警系统、控制中心报警系统三类。其示意图如图 6-5 所示。

（7）自动喷水灭火系统。

自动喷水灭火系统是由洒水喷头、报警阀组、水流报警装置(水流指示器、压力开关)等组件以及管道、供水设施组成，并能在火灾发生时响应并实施喷水的自动灭火系统。根据采用的喷头分为两类：采用闭式洒水喷头的为闭式系统,包括湿式系统(如图6-6所示)、干式系统、预作用系统、简易自动喷水系统等；采用开式洒水喷头的为开式系统，包括雨淋系统、水幕系统等。

水流指示器.mp4

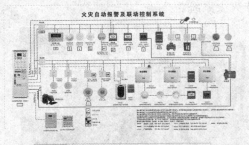

图 6-5　火灾自动报警系统示意图

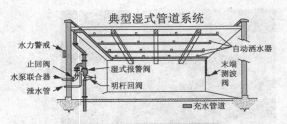

图 6-6　湿式管道系统示意图

（8）水喷雾灭火系统。

水喷雾灭火系统是利用专门设计的水雾喷头，在水雾喷头的工作压力下将水流分解成粒径不超过 1mm 的细小水滴进行灭火或防护冷却的一种固定灭火系统。其主要灭火机理为表面冷却、窒息、乳化和稀释作用，具有较高的电绝缘性能和良好的灭火性能。该系统按启动方式可分为电动启动和传动管启动两种类型；按应用方式可分为固定式水喷雾灭火系统、自动喷水—水喷雾混合配置系统、泡沫—水喷雾联用系统三种类型。如图6-7所示。

湿式管道系统.avi

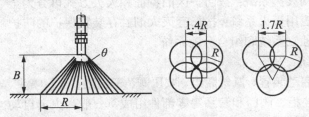

（1）水雾喷头的喷雾半径　　（2）水雾喷头间距及布置形式

图 6-7　水雾喷头的平面布置方式

R—水雾锥底圆半径(m)；B—喷头与保护对象间距(mm)；θ—喷头雾化角

（9）细水雾灭火系统。

细水雾灭火系统是由供水装置、过滤装置、控制阀、细水雾喷头等组件和供水管道组成，能自动和人工启动并喷放细水雾进行灭火或控火的固定灭火系统，如图6-8所示。该系统的灭火机理主要是表面冷却、窒息、辐射热阻隔和浸湿以及乳化作用，在灭火过程中，几种作用往往同时发生，从而有效灭火。系统按工作压力可分为低压系统、中压系统和高压系统；按应用方式可分为全淹没系统和局部应用系统；按动作方式可分为开式系统和闭式系统；按雾化介质可分为单流体系统和双流体系统；按供水方式可分为泵组式系统、瓶组式系统及瓶组与泵组结合式系统。

(10) 泡沫灭火系统。

泡沫灭火系统由消防泵、泡沫贮罐、比例混合器、泡沫产生装置、阀门及管道、电气控制装置组成，如图6-9所示。泡沫灭火系统按泡沫液发泡倍数的不同分为低倍数泡沫灭火系统、中倍数泡沫灭火系统及高倍数泡沫灭火系统；按设备安装使用方式可分为固定式泡沫灭火系统、半固定式泡沫灭火系统和移动式泡沫灭火系统。

图6-8　细水雾灭火系统

图6-9　泡沫灭火系统

(11) 气体灭火系统。

气体灭火系统是指平时灭火剂以液体、液化气体或气体状态贮存于压力容器内，灭火时以气体(包括蒸汽、气雾)状态喷射灭火介质的灭火系统，如图6-10所示。该系统能在防护区空间内形成各方向均一的气体浓度，且至少能保持该灭火浓度达到规范规定的浸渍时间，实现扑灭该防护区的空间、立体火灾。气体灭火系统按灭火系统的结构特点可分为管网灭火系统和无管网灭火系统；按防护区的特征和灭火方式可分为全淹没灭火系统和局部应用灭火系统；按一套灭火剂贮存装置保护的防护区的大小可分为单元独立系统和组合分配系统。

移动式灭火器.avi

(12) 干粉灭火系统。

干粉灭火系统由启动装置、氮气瓶组、减压阀、干粉罐、干粉喷头、干粉枪、干粉炮、电控柜、阀门和管系等零部件组成，一般为火灾自动探测系统与干粉灭火系统联动，如图6-11所示。系统将氮气瓶组内的高压氮气经减压阀减压后，使氮气进入干粉罐，其中一部分被送到罐的底部，起到松散干粉灭火剂的作用。随着罐内压力的升高，使部分干粉灭

贮气瓶超细
干粉灭火系统.avi

火剂随氮气进入出粉管被送到干粉固定喷嘴或干粉枪、干粉炮的出口阀门处，当干粉固定喷嘴或干粉枪、干粉炮的出口阀门处的压力到达一定值后，打开阀门(或者定压爆破膜片自动爆破)，将压力能迅速转化为速度能，这样高速的气粉流便从固定喷嘴(或干粉枪、干粉炮的喷嘴)中喷出，射向火源，切割火焰，破坏燃烧链，起到迅速扑灭或抑制火灾的作用。

(13) 可燃气体报警系统。

可燃气体报警系统即可燃气体泄漏检测报警成套装置。当系统检测到泄漏的可燃气体浓度达到报警器设置的爆炸临界点时，可燃气体报警器就会发出报警信号，提醒及时采取

安全措施，防止发生气体大量泄漏以及爆炸、火灾、中毒等事故。按照使用环境可分为工业用气体报警器和家用燃气报警器；按自身形态可分为固定式可燃气体报警器和便携式可燃气体报警器；按工作原理分为传感器式报警器、红外线探测报警器及高能量回收报警器。

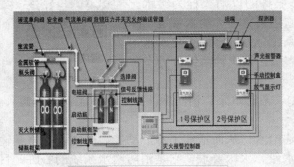

图 6-10　气体灭火系统示意图

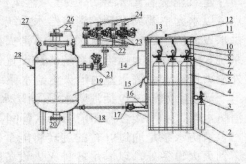

图 6-11　贮气瓶型超细干粉灭火系统示意图

(14) 消防通信设施。

消防通信设施指专门用于消防检查、演练、火灾报警、接警、安全疏散、消防力量调度以及与医疗、消防等防灾部门之间联络的系统设施。主要包括火灾事故广播系统、消防专用电话系统、消防电话插孔以及无线通信设备等。

(15) 移动式灭火器材。

移动式灭火器材是相对于固定式灭火器材设施而言的，即可以人为移动的各类灭火器具，如灭火器(如图 6-12 所示)、灭火毯、消防梯、消防钩、消防斧、安全锤、消防桶等。此外，还有一些其他的器材和工具能在火灾等不利情况下，发挥灭火和辅助逃生等消防功效，如防毒面具、消防手电、消防绳、消防沙、蓄水缸等。

消防系统.avi

图 6-12　移动式灭火器

6.1.3　消防系统

本节我们着重介绍下室内外消防给水系统、自动喷水灭火系统、水喷雾灭火系统、细水雾灭火系统、气体灭火系统、泡沫喷雾灭火系统、干粉灭火系统、火灾自动报警系统、防排烟系统、消防应急照明和疏散指示系统、建筑灭火器配置、消防供配电等消防工程的基础知识。

1. 室内外消防给水系统

(1) 室内外消火栓给水系统。

建筑消火栓给水系统是指为建筑消防服务的以消火栓为给水点、以水为主要灭火剂的消防给水系统。它由消火栓、给水管道、供水设施等组成。按设置区域分，消火栓系统分为城市消火栓给水系统和建筑物消火栓给水系统；按设置位置分，消火栓系统分为室外消火栓给水系统、室内消火栓给水系统。

室内外消火栓
给水系统.mp3

消防给水设施包括消防水源(消防水池)、消防水泵、消防增(稳)压设施(消防气压罐)、消防水箱、水泵接合器和消防给水管网等。

消防水泵是通过叶轮的旋转将能量传递给水，从而增加了水的动能、压能，并将其输送到灭火设备处，以满足各种灭火设备的水量、水压要求，它是消防给水系统的心脏。目前消防给水系统中使用的水泵多为离心泵，因为该类水泵具有适应范围广、型号多、供水连续、可随意调节流量等优点。

这里的消防水泵主要指水灭火系统中的消防给水泵，如消火栓泵、喷淋泵、消防转输泵等。

(2) 室外消火栓给水系统。

室外消火栓系统的任务就是通过室外消火栓为消防车等消防设备提供消防用水，或通过进户管为室内消防给水设备提供消防用水。室外消防给水系统应满足火灾扑救时各种消防用水设备对水量、水压、水质的基本要求。

室外消火栓
给水系统.mp3

室外消火栓给水系统通常是指室外消防给水系统，它是设置在建筑物外墙外的消防给水系统，主要承担城市、集镇、居住区或工矿企业等室外部分的消防给水任务。

室外消火栓给水系统由消防水源、消防供水设备、室外消防给水管网和室外消火栓灭火设施组成。室外消防给水管网包括进水管、干管和相应的配件、附件。室外消火栓灭火设施包括室外消火栓、水带、水枪等。

(3) 室内消火栓给水系统。

室内消火栓给水系统是建筑物应用最广泛的一种消防设施。其既可以供火灾现场人员使用消火栓箱内的消防水喉、水枪扑救初期火灾，也可以供消防队员扑救建筑物的大火。室内消火栓实际上是室内消防给水管网向火场供水的带有专用接口的阀门。其进水端与消防管道相连，出水端与水带相连。如图 6-13 所示。

室内消火栓给水系统由消防给水基础设施、消防给水管网、室内消火栓设备、报警控制设备及系统附件等组成。

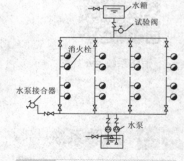

图 6-13　室内消火栓给水系统

【案例 6-1】 某夜总会地上 3 层，每层建筑面积为 1080m²，砖混结构。一层为大堂 190m²、迪斯科舞厅 810m² 和消防控制室 80m²，二、三层为 KTV 包间(每个包间的建筑面积不大于 200m²)。建筑总高度为 12m。在距该夜总会两侧山墙 50m 处各设有室外地上消火栓一个；该建筑内每层设三个 DN65 消火栓，采用 25m 水带，19mm 水枪，消火栓间距为 30m 并与室内环状消防给水管道相连；该建筑内还设有湿式自动喷水灭火系统，选用标准喷头，喷头间距不大于 3.60m，距墙不大于 1.80m。室内外消防给水均取自市政 DN200 枝状管网，水压不小于 0.35MPa。该建筑内 2～3 层走道(宽度 2m，长度 60m)和一层迪斯科舞厅，不具备自然排烟条件，因此设有机械排烟系统，并在屋顶设排烟机房，排烟机风量是 50000m³/h。迪斯科舞厅划分为两个防烟分区，最大的防烟分区面积为 410m²；在各 KTV 包间内、迪斯科舞厅内、走道、楼梯间、门厅等部位设有应急照明和疏散指示标志灯；在每层消火栓处设置两具 5kg ABC 干粉灭火器。

室内消火栓系统.mp3

结合本案例和本节知识给出合理的室内外消火栓给水系统的配置。

2. 自动喷水灭火系统

自动喷水灭火系统是由洒水喷头、报警阀组、水流报警装置(水流指示器或压力开关)等组件，以及管道、供水设施组成，并能在发生火灾时喷水的自动灭火系统。自动喷水灭火系统在保护人身和财产安全方面具有安全可靠、经济实用、灭火成功率高等优点，广泛应用于工业建筑和民用建筑。

自动喷水灭火系统.mp3

1) 自动喷水灭火系统根据所使用喷头的型式，分为闭式自动喷水灭火系统和开式自动喷水灭火系统两大类；根据系统的用途和配置状况，自动喷水灭火系统又分为湿式系统、干式系统、预作用系统、水幕系统、自动喷水—泡沫联用系统等。

(1) 湿式自动喷水灭火系统。

湿式自动喷水灭火系统(以下简称湿式系统)由闭式喷头、湿式报警阀组、水流指示器或压力开关、供水与配水管道以及供水设施等组成，在准工作状态时管道内充满用于启动系统的有压水。湿式系统的组成如图 6-14 所示。

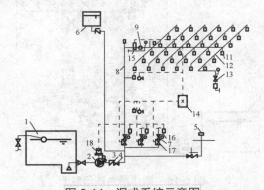

图 6-14　湿式系统示意图

1—消防水池；2—水泵；3—止回阀；4—闸阀；5—水泵接合器；6—消防水箱；7—湿式报警阀组；8—配水干管；9—水流指示器；10—配水管；11—闭式喷头；12—配水支管；13—末端试水装置；14—报警控制器；15—泄水阀；16—压力开关；17—信号阀；18—驱动电机

(2) 干式自动喷水灭火系统。

干式自动喷水灭火系统(以下简称干式系统)由闭式喷头、干式报警阀组、水流指示器或压力开关、供水与配水管道、充气设备以及供水设施等组成，在准工作状态时配水管道内充满用于启动系统的有压气体。干式系统的启动原理与湿式系统相似，只是将传输喷头开放信号的介质，由有压水改为有压气体。干式系统的组成如图6-15所示。

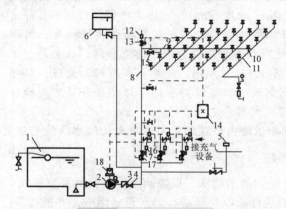

图 6-15　干式系统示意图

1—消防水池；2—水泵；3—止回阀；4—闸阀；5—水泵接合器；6—消防水箱；7—干式报警阀组；
8—配水干管；9—配水管；10—闭式喷头；11—配水支管；12—排气阀；13—电动阀；
14—报警控制器；15—泄水阀；16—压力开关；17—信号阀；18—驱动电机

(3) 预作用自动喷水灭火系统。

预作用自动喷水灭火系统(以下简称预作用系统)由闭式喷头、雨淋阀组、水流报警装置、供水与配水管道、充气设备和供水设施等组成，在准工作状态时配水管道内不充水，由火灾报警系统自动开启雨淋阀后，转换为湿式系统。预作用系统与湿式系统、干式系统的不同之处，在于系统采用雨淋阀，并配套设置火灾自动报警系统。预作用系统的组成如图6-16所示。

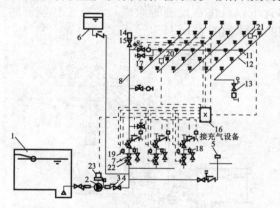

图 6-16　预作用系统示意图

1—消防水池；2—水泵；3—止回阀；4—闸阀；5—水泵接合器；6—消防水箱；7—预作用报警阀组；
8—配水干管；9—水流指示器；10—配水管；11—闭式喷头；12—配水支管；13—末端试水装置；
14—排气阀；15—电动阀；16—报警控制器；17—泄水阀；18—压力开关；19—电磁阀；
20—感温探测器；21—感烟探测器；22—信号阀；23—驱动电机

(4) 水幕系统。

水幕系统由开式洒水喷头或水幕喷头、雨淋报警阀组或感温雨淋阀、供水与配水管道、控制阀以及水流报警装置(水流指示器或压力开关)等组成，与前几种系统不同的是，水幕系统不具备直接灭火的能力，适用于挡烟阻火和冷却分隔物的防火系统。

(5) 自动喷水—泡沫联用系统。

配置供给泡沫混合液的设备后，组成既可以喷水又可喷泡沫的自动喷水灭火系统。

【案例 6-2】 某多层丙类仓库地上 3 层，建筑高度 20m，建筑面积 12000m²，占地面积 4000m²，建筑体积 72000m³，耐火等级二级。储存棉、麻、服装衣物等物品，堆垛储存，堆垛高度不大于 6m。属多层丙类堆垛储物仓库。该仓库设消防泵房和两个 500m³ 的消防水池，消防设施有室内外消火栓给水系统，自动喷水灭火系统，机械排烟系统，火灾自动报警系统，消防应急照明，消防疏散指示标志，建筑灭火器等消防设施及器材。

拓展资源 1.pdf

结合本案例和本节知识给出合理的室内外消火栓给水系统的配置及自动喷水灭火系统的配置。

2) 高层建筑自动喷水灭火系统设计要点

(1) 走道喷头的布置；

(2) 配水管道的布置；

(3) 末端试水装置的设置；

末端试水装置的设置位置如图 6-17 所示。

(4) 报警阀的进出口均应设置信号阀；

(5) 消防增压泵的设置问题，如图 6-18 所示；

末端试水装置.avi

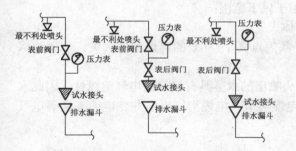

图 6-17 末端试水装置的设置位置

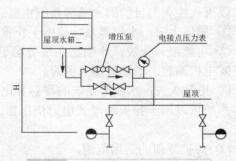

图 6-18 消防增压泵的设置示意图

(6) 自喷供水应先通过报警阀。

3. 水喷雾灭火系统

水喷雾灭火系统是指将高压水通过特殊构造的水雾喷头，呈雾状喷出，雾状水滴的平均粒径一般在 100～700μm 之间。水雾喷向燃烧物，通过冷却、窒息、稀释等作用扑灭火灾。水喷雾灭火系统属于开式自动喷水灭火系统的一种。

水喷雾灭火系统由水源、供水设备、过滤器、雨淋阀组、管道及水雾喷头等组成，并配套设置火灾探测报警及联动控制系统或传动管系统，火灾时可向保护对象喷射水雾灭火或进行防护冷却。水喷雾系统通过改变水的物理状态，通过水雾喷头使水从连续的洒水状态转变成不连续的细小水雾滴并喷射出来。它具有较高的电绝缘性能和良好的灭火性能。

水喷雾的灭火机理主要是表面冷却、窒息、乳化和稀释作用。这四种作用在水雾喷射到燃烧物表面时通常是以几种作用同时发生，并实现灭火的，如图 6-19 所示。

水喷雾灭火系统按启动方式可分为电动启动水喷雾灭火系统和传动管启动水喷雾灭火系统；按应用方式可分为固定式水喷雾灭火系统、自动喷水—水喷雾混合配置系统和泡沫—水喷雾联用系统三种。

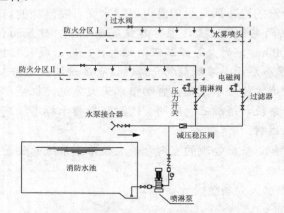

图 6-19　两个防火分区的水喷雾系统工作示意图

1）水喷雾灭火系统的适用范围

水喷雾灭火系统按防护目的主要分为灭火控火和防护冷却两大类，其适用范围随不同的防护目的而设定。

(1) 灭火控火的适用范围。

以灭火控火为目的的水喷雾系统主要适用于以下范围：

① 固体火灾：水喷雾系统适用于扑救固体火灾。

② 可燃液体火灾：水喷雾系统可用于扑救闪点高于 60℃的可燃液体火灾，如燃油锅炉、发电机油箱、输油管道火灾等。

③ 电气火灾：水喷雾系统的离心雾化喷头喷出的水雾具有良好的电气绝缘性，因此水喷雾系统可以用于扑灭油浸式电力变压器、电缆隧道、电缆沟、电缆井、电缆夹层等电气火灾。

(2) 防护冷却的适用范围。

以防护冷却为目的的水喷雾系统主要适用于以下范围：

① 可燃气体和甲、乙、丙类液体的生产、储存、装卸、使用设施和装置的防护冷却。

② 火灾危险性大的化工装置及管道，如加热器、反应器、蒸馏塔等的冷却防护。

2）水喷雾灭火系统不适用的范围

(1) 不宜用水扑救的物质。

① 过氧化物；

② 遇水燃烧的物质。

(2) 使用水雾会造成爆炸或破坏的场所。

① 高温密闭的容器内或空间内；

② 表面温度经常处于高温状态的可燃液体。

4．细水雾灭火系统

所谓的细水雾，是使用特殊喷嘴，通过高压喷水产生的水微粒。

1）细水雾灭火系统的灭火机理

细水雾灭火系统的灭火机理主要是表面冷却、窒息、辐射热阻隔和浸湿作用。除此之外，细水雾还具有乳化等作用，而在灭火过程中，往往会有几种作用同时发生，从而有效灭火。

2）高压细水雾灭火系统优点

在防火方面，高压细水雾灭火系统可以替代常规的气体灭火系统、水喷雾以及水淋喷雾。高压细水雾灭火系统在备用状态下通常为常压，这样可以解决气体系统在储存中的泄露问题；在日常维护方面，高压细水雾灭火系统要比水喷淋及气体灭火系统费用更低。高压细水雾灭火系统如图 6-20 所示。

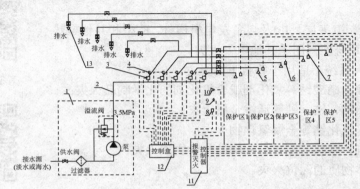

图 6-20　高压细水雾灭火系统

(1) 安装方便：高压细水雾灭火系统管径比传统灭火系统要细，仅为 10～32mm，安装费用也会随之降低。

(2) 净化作用：高压细水雾灭火系统能净化废弃物和烟雾，有利于消防员的灭火救援及人员的安全疏散。

(3) 安全环保：高压细水雾灭火系统是以水为灭火剂，属于物理灭火方式，对环境、防护区人员以及其他被防护设备均无损害或污染。

(4) 灭火高效：高压细水雾灭火系统的冷却速度比喷淋系统快 100 倍左右，细水雾具有很强的穿透性，能有效解决遮挡及全淹没问题，防止火苗复燃。

(5) 屏蔽热辐射：高压细水雾灭火系统对热辐射具有良好的屏蔽作用，防止火灾蔓延，并迅速控制火势。

(6) 水渍损失小：高压细水雾灭火系统用水量较少，仅为喷淋系统的 1%～5%，可以有效避免过量排水对设备的损坏。

(7) 使用寿命长：高压细水雾灭火系统的阀门、泵组及管件均采用耐腐蚀材料，该系统使用寿命可达 30 年以上。

5. 气体灭火系统

1) 气体灭火系统概念

气体灭火系统是指平时灭火剂以液体、液化气体或气体状态存贮于压力容器内，灭火时以气体(包括蒸汽、气雾)状态喷射作为灭火介质的灭火系统。气体灭火系统能在防护区空间内形成各方向均一的气体浓度，而且至少能保持该灭火浓度达到规范规定的浸渍时间，实现扑灭该防护区的空间、立体火灾。气体灭火系统由贮存容器、容器阀、选择阀、液体单向阀、喷嘴和阀驱动装置组成。

气体灭火系统概念.mp3

2) 气体灭火系统适用范围

(1) 气体灭火系统适用于扑救下列火灾。

①电气火灾；②固体表面火灾；③液体火灾；④灭火前能切断气源的气体火灾。

注：除电缆隧道(夹层、井)及自备发电机房外，K 型和其他型热气溶胶预制灭火系统不得用于其他电气火灾。

(2) 气体灭火系统不适用于扑救下列火灾。

① 硝化纤维、硝酸钠等氧化剂或含氧化剂的化学制品火灾；

② 钾、镁、钠、锆、铀等活泼金属火灾；

③ 氢化钾、氢化钠等金属氢化物火灾；

④ 过氧化氢、联胺等能自行分解的化学物质火灾；

⑤ 可燃固体物质的深位火灾。

选择阀.avi

6. 泡沫喷雾灭火系统

(1) 泡沫喷雾灭火系统概念。

泡沫喷雾灭火系统是采用高效能合成泡沫液作为灭火剂，在一定压力下通过专用雾化喷头，喷射到灭火对象上以迅速灭火，是一种特别适用于电力变压器的灭火系统。

拓展资源 2.pdf

泡沫喷雾灭火系统吸收了水雾灭火和泡沫灭火的优点，是一种"高效、经济、安全、环保"的灭火系统。它在结构组成上，采用了储压与驱动原理，而在设计应用上，则与水喷雾灭火系统相似。

(2) 泡沫喷雾灭火系统特点。

泡沫喷雾灭火系统采用先进高效的灭火剂，可用于扑灭 A、B、C 类火灾；特别适用于扑救热油流淌和电力变压器等火灾；灭火剂使用量小并具有生物降解性，不污染环境，具有良好的绝缘性能，对设备无影响；采用气体储压式动力源，无须消防水池和配置给水设备；灭火效率高、安全可靠、安装操作维护简单。

泡沫喷雾灭火系统可广泛应用于下列场所：油浸电力变压器、燃油锅炉房、燃油发电机房、小型石油库、小型储油罐、小型汽车库、小型修车库、船舶的机舱及发动机舱。

(3) 泡沫喷雾灭火系统组成。

泡沫喷雾灭火系统是采用高效合成泡沫灭火剂通过气压式喷雾达到灭火的目的，该灭火系统由储液罐、合成泡沫灭火剂、启动装置、氮气驱动装置、电磁控制阀、水雾喷头和管网等组成，如图 6-21 所示。

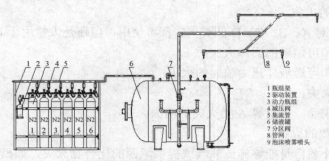

1 瓶组架
2 驱动装置
3 动力瓶组
4 减压阀
5 集流管
6 储液罐
7 分区阀
8 管网
9 泡沫喷雾喷头

图 6-21　泡沫灭火系统示意图

（4）泡沫喷雾灭火系统工作原理。

泡沫喷雾灭火系统是将高效合成型泡沫灭火剂储存于储液罐中。当出现火灾时，通过火灾自动报警联动控制或手动控制，在高压氮气驱动下，推动储液罐内的合成型泡沫灭火剂；通过管道和水雾喷头后，将泡沫灭火剂喷射到保护对象上；迅速冷却保护对象表面，并产生一层阻燃薄膜，隔离保护对象和空气，使之迅速灭火的灭火系统。该灭火系统吸收了水喷雾灭火系统和泡沫灭火系统的优点，实际上它与细水雾灭火系统相似，只是采用的灭火剂不同而已。由于泡沫喷雾灭火系统是采用储存在钢瓶内的氮气直接启动储液罐内的灭火剂，经管道和喷头喷出实施灭火，故其同时具有水雾灭火系统和泡沫灭火系统的冷却、窒息、乳化、隔离等灭火机理。整个泡沫喷雾灭火系统设备简单、布置紧凑。

7. 干粉灭火系统

1) 干粉灭火系统概念

干粉灭火系统是将干粉供应源通过输送管路连接到固定的喷嘴上经喷嘴喷放干粉的灭火系统。主要用于扑救可燃气体，易燃、可燃液体和电气设备的火灾。干粉灭火系统原理如图 6-22 所示。

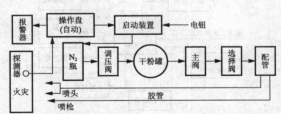

图 6-22　干粉灭火系统原理图

2) 干粉灭火系统特点

①灭火时间短，效率高，对石油及石油产品的灭火效果尤为显著；②绝缘性能好，可扑救带电设备火灾；③对人畜无毒或低毒，对环境不会产生危害；④灭火后，对机器设备的污损较小；⑤以有相当压力的二氧化碳和氮气作为喷射动力，不受电源限制；⑥干粉能长距离输送，设备可远离火区；⑦寒冷地区使用不需防冻；⑧干粉灭火剂长期储存不变质；⑨不用水，特别适用于缺水地区。

3) 干粉灭火系统适用范围

(1) 适宜扑救的火灾.

干粉灭火设备对 A、B、C、D 四类火灾都可使用，但还是大量用于 B、D 类火灾。

① 可燃液体和可熔融的固体火灾；

② 可燃气体和可燃液体压力喷射的火灾；

③ 各种电气火灾；

④ 纸张、纺织品、木材等 A 类火灾的明火。

(2) 不适宜扑救的火灾。

① 不能用于扑救自身能够施放氧气或提供氧源的化合物火灾，如硝化纤维素、过氧化物的火灾。

② 不能用于扑救钠、钾、钛等金属火灾，扑救这些物质的火灾应使用金属专用粉末灭火剂。

③ 不能扑救深度阴燃物质的火灾。

④ 不宜扑救精密仪器和精密电器设备火灾。

8. 火灾自动报警系统

1) 火灾自动报警系统的组成

火灾自动报警系统由火灾探测报警系统、消防联动控制系统、可燃气体探测报警系统及电气火灾监控系统组成。下面我们主要讲述火灾探测报警系统及消防联动控制系统。

2) 火灾探测报警系统

火灾探测报警系统由火灾报警控制器、触发器件和火灾警报装置等组成，它能及时、准确地探测被保护对象的初起火灾，并做出报警响应，从而使建筑物中的人员有足够的时间在火灾尚未发展蔓延到危害生命安全的程度时疏散至安全地带，它是保障人员生命安全的最基本的建筑消防系统。火灾探测报警系统原理如图 6-23 所示。

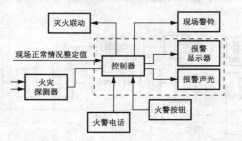

图 6-23　火灾探测报警系统原理图

(1) 触发器件。

在火灾自动报警系统中，自动或手动产生火灾报警信号的器件称为触发器件，主要包括火灾探测器和手动火灾报警按钮。火灾探测器是能对火灾参数(如烟、温度、火焰辐射、气体浓度等)响应，并自动产生火灾报警信号的器件。手动火灾报警按钮是以手动方式产生火灾报警信号、启动火灾自动报警系统的器件。

(2) 火灾报警装置。

火灾报警装置是在火灾自动报警系统中,用以接收、显示和传递火灾报警信号,并能发出控制信号和具有其他辅助功能的控制指示设备。火灾报警控制器就是其中最基本的一种。火灾报警控制器担负着为火灾探测器提供稳定的工作电源;监视探测器及系统自身的工作状态;接收、转换、处理火灾探测器输出的报警信号;进行声光报警;指示报警的具体部位及时间;同时执行相应辅助控制等诸多任务。

(3) 火灾警报装置。

火灾警报装置是在火灾自动报警系统中,用以发出区别于环境声、光的火灾警报信号的装置。它以声、光和音响等方式向报警区域发出火灾警报信号,以警示人们迅速疏散,以及进行灭火救灾措施。

(4) 电源。

火灾自动报警系统属于消防用电设备,其主电源应采用消防电源,备用电源可采用蓄电池。系统电源除为火灾报警控制器供电外,还能为系统相关的消防控制设备等供电。

3) 消防联动控制系统

消防联动控制系统由消防联动控制器、消防控制室图形显示装置、消防电气控制装置(防火卷帘控制器、气体灭火控制器等)、消防电动装置、消防联动模块、消火栓按钮、消防应急广播设备、消防电话等设备和组件组成。在火灾发生时,消防联动控制器按设定的控制逻辑准确给消防泵、喷淋泵、防火门、防火阀、防排烟阀和通风等消防设备发出联动控制信号,完成对灭火系统、疏散指示系统、防排烟系统及防火卷帘等其他消防有关设备的控制功能。当消防设备动作后将动作信号反馈给消防控制室并显示,实现对建筑消防设施的状态监视功能,即接收来自消防联动现场设备及火灾自动报警系统以外的其他系统的火灾信息或其他信息的触发和输入功能。

拓展资源 3.pdf

【案例 6-3】 某汽车车库,建筑面积 3999m²,地下 1 层,层高 3.60m,地下汽车车库地面标高至室外地面的距离不大于 10m。车库可停车 101 辆,划分 1 个防火分区,2 个防烟分区。车库设人员疏散口 2 个,汽车疏散口 2 个,汽车出入口均设防火卷帘。该汽车车库消防供电负荷为二级,并设有火灾自动报警系统,自动喷水灭火系统,室内外消火栓给水系统,机械排烟系统,应急照明和疏散指示标志,挡烟垂壁,建筑灭火器等消防设施。

结合本案例和本节知识给出合理的室内外消火栓给水系统的配置,火灾自动报警系统配置,火灾应急照明和疏散指示标志配置。

9. 防排烟系统

防排烟系统是防烟系统和排烟系统的总称。防烟系统是采用机械加压送风方式或自然通风方式,防止烟气进入疏散通道的系统;排烟系统是采用机械排烟方式或自然通风方式,将烟气排至建筑物外的系统。

1) 机械防排烟系统

机械防排烟系统由送排风管道,管井,防火阀,门开关设备,送、排风机等设备组成。机械排烟系统的排烟量与防烟分区有直接的关系。加压送风防排烟的原理图如图 6-24 所示。

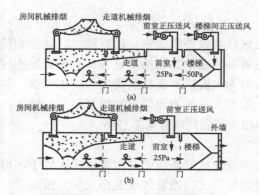

图 6-24　加压送风防排烟的原理图

2) 自然防排烟系统

当防烟楼梯间前室或合用前室，利用敞开的阳台、凹廊或前室内不同朝向的可开启外窗自然排烟时，该楼梯间可不设排烟设施。利用建筑的阳台、凹廊或在外墙上设置便于开启的外窗或排烟进行无组织的自然排烟方式。

自然排烟应设于房间的上方，宜设在距顶棚或顶板下 800mm 以内，其间距以排烟口的下边缘计。自然进风应设于房间的下方，设于房间净高的 1/2 以下，其间距以进风口的上边缘计。内走道和房间的自然排烟口，至该防烟分区最远点应在 30m 以内。自然排烟窗、排烟口的送风口应设方便开启、灵活的装置。

防排烟系统，都是由送排风管道，管井，防火阀，门开关设备，送、排风机等设备组成。高层建筑的防烟设施应分为机械加压送风的防烟设施和可开启外窗的自然排烟设施。

10. 消防应急照明和疏散指示系统

1) 消防应急照明系统概念

消防应急照明系统主要包括事故应急照明、疏散出口标志及指示灯。应急照明一般分为三种类型：一是疏散照明；二是备用照明；三是安全照明。如图 6-25 所示。

疏散照明的作用是在正常照明系统失效的情况下，帮助人们成功找到建筑物的出口方向；备用照明则是在遇到危急情况时为使人们能继续正常工作而准备的照明设备；安全照明是人们进入危险场所，在正常照明出现故障的情况下，确保自身安全时的照明。

图 6-25　消防应急照明

消防应急照明和疏散指示系统按控制方式可分为非集中控制型系统和集中控制型系统；按应急电源的实现方式可分为自带电源型系统和集中电源型系统。

2) 消防疏散指示灯

消防疏散指示灯，适用于消防应急照明，是消防应急中最普遍的一种照明工具。消防疏散标志灯具有耗电小、亮度高、使用寿命长等特点，还设计有电源开关和指显灯，适合工厂、酒店、学校、单位等公共场所以备停电应急照明之用。消防疏散指示灯是选用工业塑料和

应急消防灯.avi

高亮度的灯泡制成，颜色以白色为主，表面有两个箭头，材料具有不老化、散热快、抗冲击等特点。消防疏散指示灯有壁挂式、手提式、吊式等安装方式。

3) 消防应急照明的设置场所

(1) 除建筑高度小于 27m 的住宅建筑外，民用建筑、厂房和丙类仓库的特定部位应设置疏散照明。

(2) 封闭楼梯间、防烟楼梯间及其前室、消防电梯间的前室或合用前室、避难走道、避难层(间)。

(3) 观众厅、展览厅、多功能厅和建筑面积大于 200m² 的营业厅、餐厅、演播室等人员密集的场所。

(4) 建筑面积大于 100m² 的地下或半地下公共活动场所。

(5) 公共建筑内的疏散走道。

(6) 人员密集的厂房内的生产场所及疏散走道。

11. 建筑灭火器配置

(1) 建筑灭火器的选择。

扑救 A 类火灾应选用水型、泡沫、磷酸铵盐干粉、卤代烷型灭火器；扑救 B 类火灾应选用干粉、泡沫、卤代烷、二氧化碳型灭火器，扑救极性溶剂 B 类火灾不得选用化学泡沫灭火器；扑救 C 类火灾应选用干粉、卤代烷、二氧化碳、干粉型灭火器；扑救 A、B、C 类和带电火灾应选用磷酸铵盐干粉、卤代烷型灭火器；扑救 D 类火灾的灭火器材应由设计部门和当地公安消防监督部门协商解决。

灭火器.avi

(2) 建筑灭火器的配置标准。

建筑灭火器的配置，应依据灭火器配置场所的火灾种类、灭火有效程度、对保护物品的污损程度、设置点的环境温度、使用灭火器人员的素质等确定。

泡沫灭火器.avi

【案例 6-4】　某高层商业综合楼地上 10 层、地下 3 层，建筑高度 53.80m，总建筑面积 67137.48m²。其中地下部分建筑面积 27922.30m²，使用性质为停车车库及设备用房，共计停车 474 辆；地上建筑面积 39215.18m²，地上一至五层使用性质为零售商业，地上六至十层使用性质为餐饮与休闲娱乐场所。该建筑内设有室内外消火栓系统，自动喷水灭火系统，正压送风系统，机械排烟系统，火灾自动报警系统，消防应急照明，消防疏散指示标志，灭火器，消防电梯等消防设施。消防控制室设在地下一层，消防水泵房设置于地下二层。消防用电为一级负荷，电源从两个不同的区域变电站引入。消防供水从环状市政供水管网引入两条 DN300 的进水管，并在地块内形成环路。

结合本案例和本节知识给出合理的防排烟系统配置、消防应急照明与消防疏散指示标志配置及建筑灭火器配置。

(3) 建筑灭火器的灭火级别与选择。

灭火器的灭火级别应由数字和字母组成，数字表示灭火级别的大小，字母(A 或 B)表示灭火级别的单位及适用扑救火灾的种类。建筑灭火器配置设计如图 6-26 所示。

(4) 建筑灭火器的使用与维护。

灭火器应放置在明显和便于取用的地点，且不得影响安全疏散。灭火器应放置稳固，其铭牌必须朝外。手提式灭火器宜设置在挂钩、托架上或灭火器箱内，其顶部距地面高度应小于 1.50m；底部距地面高度不宜小于 0.15m。灭火器不应设置在潮湿或强腐蚀性的地点，当必须设置时，应有相应的保护措施。设在室外的灭火器，应有保护措施。灭火器不得放置在超出其使用温度范围的地点。

灭火器类型	灭火器充装量(规格)		灭火器类型规格代码(型号)	灭火级别	
	L	kg		A类	B类
卤代烷 (1211)	—	1	MY1	—	21B
	—	2	MY2	(0.5A)	21B
	—	3	MY3	(0.5A)	34B
	—	4	MY4	1A	34B
	—	6	MY6	1A	55B
二氧化碳	—	2	MT2	—	21B
	—	3	MT3	—	21B
	—	5	MT5	—	34B
	—	7	MT7	—	55B

图 6-26　建筑灭火器配置设计

在卤代烷灭火器定期维修、水压试验或作报废处理时，必须使用经国家认可的卤代烷灭火剂。已配置在工业与民用建筑及人防工程内的卤代烷灭火器，除用于扑灭火灾外，不得随意向大气中排放。在非必要配置卤代烷灭火器的场所已配置的卤代烷灭火器，当其超过规定的使用年限或达不到产品质量标准要求时，应将其撤换，并应作报废处理。

12. 消防供配电

消防供电系统由几个不同用途的独立电源以一定方式相互连接起来构成一个电力网络进行供电，这样可以提高供电的可靠性和经济性。一般可按照其供电范围和时间把系统中的电源分为主电源和应急电源两类。主电源指电力系统电源，应急电源可由自备的柴油发电机组或蓄电池组担任。对于停电时间要求特别严格的用电设备，可采用不停电电源(UPS)进行供电。消防供配电系统如图 6-27 所示。

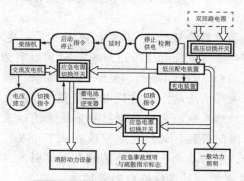

图 6-27　消防供配电系统方块图

现代建筑中应用电能的消防设备有两大类，一类是为建筑提供照明、动力，即电力(强电)设备；另一类是传递信息和控制信号，即电子(弱电)设备。这两类设备按需要组合成若干功能性子系统，如：消防控制室、消防水泵、消防电梯、防排烟设施、火灾自动报警、消防联动控制、自动灭火、应急照明、疏散指示标志和电动的防火墙、门、窗、卷帘、阀门等，从而构成完备的、功能复杂的建筑消防电气系统。

消防用电设备是保障人身和财产安全的设备，要求其供电电源必须安全可靠。要求其不仅在正常情况下，而且当电网停电或发生火灾断电等各种特殊情况时，都能够为各种消防用电设备提供充足可靠的电能，确保消防设备正常运转，发挥应有的作用。

6.1.4　消防安全性保障

消防安全性保障主要措施如下：

(1) 合理规划消防系统。

合理的规划居住区消防系统，只是开始的重要一步，要真正使消防的安全性得到保障，还需在设计、施工、管理各个环节做好工作，确保具体的要求得到落实。

(2) 消防水源。

消防水源的保障：在城区建的居住区的消防水源，多取自市政自来水管，合理的确定引入管径十分重要。

(3) 管网。

室外消防管网：按规范要求合理布置消火栓，使所有的建筑都在消火栓的保护半径之内，高层建筑应合理布置室内消火栓，确保任何一处至少有两股水柱到达，形成一个平面、空间的立体保护区。管线通畅是保障供水的最基本条件，阀门启闭应灵活有标记，确保不使杂物进入系统，采取措施确保广泛使用的减压阀、孔板等小孔附件不被堵塞。

(4) 管线。

管线必须具备承受消防压力的可靠性，确保消防时不破管。

(5) 压力。

符合灭火的水压要求是成功扑救的重要条件，超压和压力不足都不利火灾扑救，必须采用合理的增压和减压措施以保障使用压力。

(6) 管理。

设计必须为实现现代化管理创造条件。居住区必须对消防设施进行集中管理，即使是多个组团系统，也应实现集中多点管理。建立市区消防站、居住区管理中心、系统管理点并建立快捷联系，对系统设备功能、使用状况定期检验，使其处于时刻监管、随时控制之中。

6.2　消防工程工程量清单计量

1. 水灭火系统

(1) 管道安装应根据管道的用途、材质、安装部位、型号、规格、连接方式、除锈、刷油要求、水冲洗、水压试验要求分别列项。按设计图示管道中心线长度以延长米计算，不扣除阀门、管件及各种组件所占长度；方形补偿器以其所占长度按管道安装工程量计算。工作内容包括：管道及管件安装，套管(包括防水套管)制作、安装，管道除锈、刷油防腐，管网水冲洗，无缝钢管镀锌、水压试验。

(2) 阀门安装应根据阀门种类、材质、型号、规格、法兰结构、材质、规格和焊接形式分别列项。按设计图示数量以"个"计算，工程内容包括法兰安装、阀门安装。

(3) 水表、报警装置(湿式报警装置、干湿两用报警装置、电动雨淋报警装置、预作用报警装置)、温感式水幕装置、末端试水装置，应根据装置名称、型号、规格、连接方式、组装方式分别列项。按设计图示数量以"组"计算，其工程内容为装置的安装。其中温感式水幕装置安装包括给水三通至喷头、阀门间的管道、管件、阀门、喷头等的全部安装内容。末端试水装置安装包括连接管、压力表、控制阀及排水管等。水喷头、水流指示器、减压孔板、集热板应根据材质、型号、规格和安装位置分别列项，按设计图示数量以"个"计算，其工作内容为安装。其中水喷头安装还包括密封性试验；集热板则包括制作和安装。

(4) 消防水箱制作安装应根据材质、形状、容量、支架材质、型号、规格及除锈、刷油要求分别列项，按设计图示数量以"台"计算，其工程内容包括制作、安装、支架制作安装和除锈、刷油。

(5) 隔膜式气压水罐应根据型号、规格、灌浆材料分别列项，按设计图示数量以"台"计算，其工作内容包括安装和二次灌浆。

(6) 消火栓、消火栓水泵接合器应根据安装部位、型号、规格、类型分别列项，按设计图示数量以"套"计算，其工程内容为安装。

2. 气体灭火系统

(1) 气体灭火系统管道安装应根据灭火系统种类，管道材质、规格、连接方式，除锈、刷油、防腐要求，压力试验和吹扫要求分别列项。工程量按设计图示管道中心线长度以延长米计算，不扣除阀门、管件及各种组件所占长度，其工程内容包括管道安装，管件安装，套管制作、安装(包括防水套管)，钢管除锈、刷油、防腐，管道压力试验，管道系统吹扫，无缝钢管镀锌。

(2) 选择阀和气体喷头应根据材质、规格、连接方式分别列项。按设计图示数量以"个"计算，其工程内容包括安装、选择阀及压力试验。

(3) 储存装置、二氧化碳称重检漏装置应根据规格分别列项。按设计图示数量以"套,计算，其工程内容只包括安装。其中储存装置包括灭火剂存储器、驱动气瓶、支框架、集流阀、容器阀、单向阀、高压软管和安全阀等贮存装置和阀驱动装置。二氧化碳称重检漏装置包括泄漏开关、配重、支架等。

3. 泡沫灭火系统

(1) 泡沫灭火系统管道应根据管道材质、型号、规格、连接方式，除锈、刷油、防腐，压力试验和吹扫擎计要求分别列项。工程量按设计图示管道中心线长度以延长米计算，不扣除阀门、管件及各种组件所占长度。其工程内容包括管道安装，管件安装，套管制作、安装，钢管除锈、刷油、防腐，管道压力试验，管道系统吹扫。

(2) 法兰、法兰阀门应根据材质、型号、规格、连接方式分别列项，工程量按图示数量，法兰以"副"计算，阀门以"个"计算，其工程内容只包括安装。

(3) 泡沫灭火器、泡沫比例混合器应根据机械型式、型号、规格，支架材质和规格，除锈、刷油要求，灌缝材料分别列项。

(4) 泡沫液储罐应根据质量、灌缝材料分别列项。工程量按设计图示数量以"台"计算，其工程内容包括安装和二次灌缝。

4. 管道支架制作安装

管道支架制作安装应根据管架形式，材质，除锈、刷油要求分别列项，工程量按设计图示质量以"kg"计算，其工程内容包括制作安装，除锈、刷油。

5. 火灾自动报警系统

(1) 点型探测器应根据名称、线制、类型分别列项，工程量按"只"计算，工程内容包括探头、底座安装、校接线、探测器调试。

(2) 线型探测器应根据安装方式分别列项，工程量按设计图示数量以长度"m"计量。工程内容包括探测器安装、控制模块安装、报警终端安装、校接线、系统调试。

(3) 按钮、模块应根据规格或名称，输出形式分别列项。工程量按"只"计算。工程内容包括安装、校接线和调试。

(4) 报警控制器、联动控制器、报警联动一体机、重复显示器、报警装置、远程控制器应根据线制、安装方法、控制点数量或控制回路分别列项。工程量按设计图示数量以"台"计算。

6. 消防系统调试

(1) 自动报警系统装置调试、水灭火系统控制装置调试应根据点数分别列项。工程量按"系统"计算，自动报警系统装置是由探测器、报警按钮、报警控制器组成的报警系统，点数按多线制、总线制报警器的点数计算。水灭火系统控制装置是由消火栓、自动喷水、卤代烷二氧化碳等灭火系统组成的灭火系统装置，点数按多线制、总线制联动控制器的点数计算，其工程内容为系统装置调试。

(2) 防火控制系统装置调试应根据名称、类型分别列项。工程量按"处"计算，包括电动防火门、防火卷帘门、正压送风阀、排烟阀、防火控制阀。其工程内容为系统装置调试。

(3) 气体灭火系统装置调试应根据容器规格分别列项，工程量按调试、检验和验收所消耗的试验容器总数按"个"计算。其工程内容包括模拟喷火试验、备用灭火器贮存容器切换操作试验。

7. 其他问题

其他相关问题，应按下列规定处理：

(1) 管道界限的划分。

① 喷淋系统水灭火管道：室内外界限应以建筑物外墙皮 1.5m 为界，入口处设阀门的应以阀门为界；设在高层建筑物内的消防泵间管道应以泵间外墙皮为界。

② 消火栓管道：给水管道室内外界限划分应以外墙皮 1.5m 为界，入口处设阀门的应以阀门为界；与市政给水管道的界限应以水表井为界；无水表井的，应以与市政给水管道碰头点(#)为界。

(2) 湿式报警装置：包括湿式阀、碟阀、装配管、供水压力表、装置压力表、试验阀、泄放试验管、试验管流量计、过滤器、延时器、水力警铃、报警截止阀、漏斗、压力开关等。

（3）干湿两用报警装置：包括两用阀、碟阀、装配管、加速器、加速器压力表、供水压力表、试验阀、泄放试验阀(湿式、干式)、挠性接头、泄放试验管、试验管流量计、排气阀、截止阀、漏斗、过漏器、延时器、水力警铃、压力开关等。

（4）电动雨淋报警装置：包括雨淋阀、碟阀(2 个)、装配管、压力表、泄放试验阀、流量表、截止阀、注水阀、止回阀、电磁阀、排水阀、手动球阀、报警试验阀、漏斗、压力开关、过滤器、水力警铃等。

（5）预作用报警装置：包括干式报警阀、控制碟阀(2 个)、压力表(2 块)、流量表、截止器、排放阀、注水阀、止回阀、泄放阀、报警试验阀、液压切断阀、装配管、供泵检验管、气压开关(2 个)、试压电磁阀、应急手动试压器、漏斗、过滤器、水力警铃等。

（6）室内消火栓：包括消火栓箱、消火栓、水枪、水龙头、水龙带接扣、挂架、消防按钮。

（7）室外地上式消火栓：包括地上式消火栓、法兰接管、弯道底座。

（8）室外地下式消火栓：包括地下式消火栓、法兰接管、弯管底座或消火栓三通。

（9）凡涉及河沟及井类的土石方开挖、垫层、基础、砌筑、抹灰，地井盖板预制安装、回填、运输，路面开挖及修复、管道支墩等，按建筑、装饰、市政工程篇相关项目计量。

6.3　消防工程工程量清单计价

本节所摘录的工程量清单计价表详见二维码。

（1）水灭火系统工程量清单项目设置、项目特征描述的内容、计量单位及工程量计算规则，应按二维码中的表 6-1 的规定执行。

（2）气体灭火系统工程量清单项目设置、项目特征描述的内容、计量单位及工程量计算规则，应按二维码中的表 6-2 的规定执行。

（3）泡沫灭火系统工程量清单项目设置、项目特征描述的内容、计量单位及工程量计算规则，应按二维码中的表 6-3 的规定执行。

（4）火灾自动报警系统工程量清单项目设置、项目特征描述的内容、计量单位及工程量计算规则，应按二维码中的表 6-4 的规定执行。

拓展资源 4.pdf

（5）消防系统调试工程量清单项目设置、项目特征描述的内容、计量单位及工程量计算规则，应按二维码中的表 6-5 的规定执行。

（6）相关问题及说明

①　消防管道如需进行探伤，应按《通用安装工程量计算规则》附录 H 工业管道工程相关项目编码列项。

②　消防管道上的阀门、管道及设备支架、套管制作安装，应按《通用安装工程量计算规则》附录 K 给排水、采暖、燃气工程相关项目编码列项。

③　本章管道及设备除锈、刷油、保温除特殊注明外，均应按《通用安装工程量计算规则》附录 M 刷油、防腐蚀、绝热工程相关项目编码列项。

④　消防工程措施项目，应按《通用安装工程量计算规则》附录 N 措施项目相关项目编码列项。

6.4 消防工程计算案例

【实训1】 如图 6-28 所示为一末端试水装置示意图，其由试水阀、压力表以及试水接头组成，试求该末端试水装置的清单工程量。

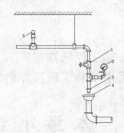

图 6-28 末端试水装置

1—截止阀；2—压力表；3—试水接头；4—排水漏斗；5—最不利点处喷头

【解】 清单工程量：

由项目编码 030901008 可知，末端试水装置的工程量计算规则为：按设计图示数量计算。

由图可知：末端试水装置的工程量为：1 组。

【实训2】 如图 6-29 所示为一自动喷水系统的配水干管或配水管道上连接局部的自动喷水—水喷雾混合配置系统，试求水雾喷头的清单工程量。

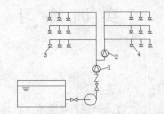

图 6-29 自动喷水—水喷雾混合配置系统

1—湿式报警阀组；2—雨淋阀组；3—闭式喷头；4—水雾喷头

【解】 清单工程量：

由项目编码 030901003 可知，水雾喷头的工程量计算规则为：按设计图示数量计算。

由图可知，水雾喷头共 3 排，每排 3 个，故末端试水装置的工程量为：3×3=9(个)。

【实训3】 如图 6-30 所示为一固定式液体喷射泡沫灭火系统(压力式)，试计算其中的泡沫发生器(电动机式，PFS3)、泡沫比例混合器(PHY32/30)以及泡沫液贮罐的工程量。

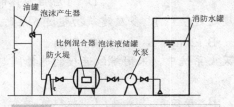

图 6-30 固定式液体喷射泡沫灭火系统

【解】 (1) 清单工程量。

由项目编码 030903006、030903007、030903008 可知,泡沫发生器、泡沫比例混合器以及泡沫液贮罐的工程量计算规则为:按设计图示数量计算。

由图可知,泡沫发生器的工程量:1 台。

泡沫比例混合器工程量:1 台。

泡沫液贮罐的工程量:1 台。

(2) 定额工程量。

定额工程量同清单工程量。

泡沫发生器:套用河南省通用安装工程预算定额(第九册)9-3-1,1 台 446.08 元。

泡沫比例混合器:套用河南省通用安装工程预算定额(第九册)9-3-6,1 台 2554.91 元。

本 章 小 结

通过本章的学习,学生们主要了解了消防工程的基本组成和分类;掌握了消防设施的作用和分类;掌握消防系统的分类及每种分类的概念、组成及原理;掌握消防安全性保障的主要措施;了解消防工程工程量清单计价的基本组成及工作内容;掌握清单中的计算规则并会简单的实例计算。希望通过本章的学习,学生们可以对消防工程的基本知识有个基础了解,并掌握相关的知识点,并能举一反三,学以致用。

实 训 练 习

一、单选题

1. 消防栓系统的无缝钢管采用( )连接。

　　A. 螺纹　B. 焊接　C. 法兰　D. 卡箍(沟槽式)管接头

2. 可作保温、隔热和吸音材料的是( )。

　　A. 硅藻土耐火隔热保温材料　　B. 硅酸铝耐火纤维

　　C. 微孔硅酸钙保温材料　　　　D. 矿渣棉制品

3. 以下属于自动喷水灭火系统的是( )。

　　A. 自动喷水防护系统　B. 喷泉系统　C. 水幕系统　D. 自动喷水液压系统

4. 通常将火灾划分为四大类,以下属于 B 类火灾的是( )。

　　A. 木材的火灾　　　　　　　　B. 电气设备的火灾

　　C. 镁引起的火灾　　　　　　　D. 可燃性液体的火灾

5. 单层建筑物檐口高度超过( ),多层建筑物超过 6 层时,应分别列项。

　　A. 10m　　　　　　B. 20m　　　　　　C. 30m　　　　　　D. 40m

6. 在全淹没二氧化碳灭火系统中,采用螺纹连接的选择阀与管道连接时,所用连接接头为( )。

　　A. 活接头　　　　　B. 异径管　　　　　C. 波纹管接头　　D. 可曲挠橡胶接头

7. 防火控制装置中，消防电梯以(　　)计算。

    A. 台　　　　　　　B. 个　　　　　　　C. 部　　　　　　　D. 组

8. 在气体灭火系统中，二氧化碳灭火系统不适用于(　　)。

    A. 扑灭大中型电子计算机房火灾　　　B. 扑灭文物资料珍藏室火灾

    C. 多油开关及发电机房灭火　　　　　D. 硝化纤维和火药库灭火

9. 气体灭火系统的管道大多采用(　　)。

    A. 无缝钢管　　　　B. 焊接钢管　　　　C. 铸铁管　　　　D. 塑料管

10. 在喷水灭火系统的管道安装中，管道横向安装宜设(　　)的坡度。

    A. 0.001～0.002　　B. 0.002～0.005　　C. 0.002～0.006　　D. 0.001～0.005

二、多选题

1. 室内消火栓的出水方向宜(　　)。

    A. 向上　　　　　　B. 向下　　　　　　C. 向内

    D. 与设置消火栓的墙面成90°角　　　E. 向外

2. 消防水泵房应用于(　　)耐火等级的建筑。

    A. 一级　　　　　　B. 二级　　　　　　C. 三级

    D. 四级　　　　　　E. 二、三、四级

3. 室内消火栓的间距不应超过50m的建筑有(　　)。

    A. 高架库房　　　　B. 单层建筑　　　　C. 多层建筑

    D. 高层工业建筑　　E. 高层民用建筑的裙房

4. 事故照明宜设置在(　　)。

    A. 墙面　　　　　　B. 顶棚　　　　　　C. 距地高度1m以下的墙面上

    D. 太平门的顶部　　E. 墙面最底部

5. 灭火器应设置在(　　)。

    A. 挂钩上　　　　　B. 托架上　　　　　C. 灭火器箱内

    D. 地面上　　　　　E. 顶棚

三、简答题

1. 简述消防系统的组成。

2. 简述建筑消防设施的作用。

3. 简述建筑消防设施的分类。

4. 简述消防安全性保障的主要措施。

第 6 章习题答案.pdf

实训工作单一

班级		姓名		日期	
教学项目		现场学习自动喷水灭火系统的基本操作			
学习项目	湿式自动喷水灭火系统、干式自动喷水灭火系统、预作用自动喷水灭火系统		学习要求	掌握各系统的基本知识、组成及工作原理	
相关知识			雨淋系统、水幕系统、自动喷水—泡沫联用系统		
其他内容			喷头的型式		
学习记录					
评语				指导老师	

实训工作单二

班级		姓名		日期	
教学项目		现场学习高层建筑自动喷水灭火系统			
学习项目	走道喷头的布置、配水管道、末端、末端试水装置的设置、信号阀、消防增压泵、报警阀	学习要求		掌握各个装置布置的原则及方法	
相关知识		高层建筑自动喷水灭火系统			
其他内容					
学习记录					
评语				指导老师	

第7章 给排水、采暖、燃气安装工程 07

【学习目标】

● 了解给排水安装工程概述。

● 掌握排水、采暖、燃气安装工程的计算规则。

● 了解排水、采暖、燃气安装工程的工程量计算规范。

【教学要求】

本章要点	掌握层次	相关知识点
给排水安装工程概述	1. 了解给排水的概念 2. 了解给排水的方式 3. 了解给排水的分类	1. 生活用水 2. 生产用水 3. 消防用水
给排水、采暖、燃气安装 工程工程量清单计量	掌握给排水、采暖、燃气安装工程工程量 清单计量	1. 给水管道 2. 管道安装
给排水、采暖、燃气安装 工程工程量清单计价	掌握给排水、采暖、燃气安装工程工程量 计算规范	1. 支架及其他 2. 卫生器具

【项目案例导入】

某住宅楼共 160 户，每户平均 3.5 人，用水量定额为 150L/(人·d)，小时变化系数为 $K_h=2.4$，水泵的静扬程为 40mH$_2$O，水泵吸、压水管水头损失为 2.55mH$_2$O，水箱进水口流出水头为 2mH$_2$O，室外供水压力为 15mH$_2$O，拟采用水泵水箱给水方式。

【项目问题导入】

试计算水箱生活水调节容积最小值、水泵流量和扬程(分水泵直接从室外给水管道吸水和水泵从低位贮水井吸水两种情况计算)。

7.1 给排水、采暖、燃气安装工程概述

7.1.1 给排水安装工程

1. 建筑给水系统

高层建筑给水工程设计的主要内容：给水管网水力计算，给水方式的确定，管道设备的布置，管道的水力计算及室内所需水压的计算，水池水箱的容积确定和构造尺寸确定，水泵的流量、扬程及型号的确定，管道设备的材料及型号的选用。

建筑给水系统.mp3

2. 建筑给水介绍

给水工程是向用水单位供应生活、生产等用水的工程。给水工程的任务是供给城市和居民区、工业企业、铁路运输、农业、建筑工地以及军事上的用水，并需保证上述用户在水量、水质和水压方面的要求，同时要担负用水地区的消防任务。给水工程的作用是集取天然的地表水或地下水，经过一定的处理，使之符合工业生产用水和居民生活饮用水的水质标准，并用经济合理的输配方法，输送到各种用户。

3. 室外给水和室内给水

(1) 室外给水。

室外给水工程是指为生产、生活部门提供用水而建造的构筑物，以及由此形成的输配水官网等工程设施。

① 取水构筑物：用于从选定的水源取水。

② 水处理系统：将水从水源引来，按照用户对水质的要求进行处理。

③ 泵站：将所需水提升到要求的高度。

④ 输水管渠和管网：输水管渠是指将水源的水输送到水厂的水渠或水管；管网则是指将处理后的水输送到指定给水区域的全部管道。

⑤ 调节构筑物：用来贮存和调节水量的各种贮水构筑物。

(2) 室内给水。

室内给水工程是指将符合用户水质、水量要求的水源，通过城市给水官网输送到室内的各个用水设备。

4．给水系统分类

给水系统按用途基本上可分为三类：

(1) 生活给水系统供给民用、公共建筑和工业企业建筑内的饮用、烹调、盥洗、洗涤、沐浴等生活上的用水。要求水质必须严格符合国家规定的饮用水水质标准。

给水分类.mp3

(2) 生产给水系统因各种生产工艺不同，生产给水系统种类繁多，主要用于生产设备的冷却、原料洗涤、锅炉用水等。生产用水对水质、水量、水压以及安全方面的要求由于工艺不同，差异很大。

(3) 消防给水系统供给层数较多的民用建筑、大型公共建筑及某些生产车间的消防设备用水。消防用水对水质要求不高，但必须按建筑防火规范保证有足够的水量和水压。

上述三类给水系统可单独设置，也可根据实际条件和需要组合成合理公用系统，如生活、消防系统；生产、消防系统；生活、生产消防系统等。

室内给水系统.avi

5．室内给水系统的组成

建筑给水系统如图 7-1 所示，有下列各部分组成。

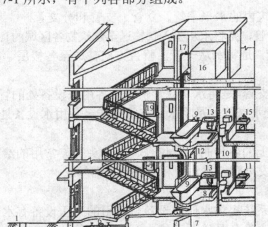

图 7-1　建筑给水系统

1—阀门井；2—引入管；3—闸阀；4—水表；5—水泵；6—止回阀；7—干管；8—支管；9—浴盆；
10—立管；11—水龙头；12—淋浴器；13—洗脸盆；14—大便器；15—洗涤盆；16—水箱；
17—进水管；18—出水管；19—消火；A—进入贮水池；B—来自贮水池

(1) 水源。

水源指城镇给水管网、室外给水管网或自备水源。

(2) 引入管。

对于一幢建筑物而言，引入管是室外给水管网与室内管网之间的联络管段，也称进户管，对一个工厂、一个建筑群体、一个学校区，引入管系统指的是总进水管。

(3) 水表节点。

水表节点是安装在引入管的水表及其前后设置的阀门和泄水装置的总称。如图 7-2 所示。

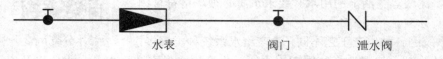

图 7-2　水表节点

此处水表用以计量该幢建筑的总用水量。水表前后的阀门用以水表检修及拆换管路。泄水口主要用于室内管道系统检修时的放空，也可以用来检测水表精度和量测管道进户时的水压值。

水表节点一般设在水表井中，温暖地区的水表井一般设在室外，寒冷地区的水表井宜设在不冻结处。

在非住宅建筑内部给水系统中，需计量的某些部位和设备的配水管也需安装水表。住宅建筑每户住家均应安装分户水表。分户水表以前大都设在每户之内，现在是将分户水表集中设在户外。

(4) 给水管网。

给水管网指的是建筑内的水平干管、立管、支管和分支管。

① 干管：又称总干管，是将水从引入管输送至建筑物各区域的管段。

② 立管：又称竖管，是将水从干管沿垂直方向输送至各楼层、各不同高处的管段。

③ 支管：又称配水支管，是将水从立管输送至各用水设备处的管段。

④ 分支管：又称配水支管，是将水从支管输送至各用水设备处的管段。

(5) 给水附件。

给水附件是指管道上的各种阀门、仪表、水龙头等。常用的给水附件有配水龙头、闸阀、止回阀、减压阀、安全阀、排水阀和水锤消声器等。

(6) 升压和贮水设备。

升压设备是为给水系统提供水压的设备。常用的升压设备有水泵、气压给水设备、变频调速给水设备等。贮水设备是给水系统中贮存水量的装置，如贮水池和水箱。它们在系统中用于调节流量、储存生活用水、消防用水和事故备用水，水箱还具有稳定水压和容纳管道中的水热胀冷缩体积发生变化时膨胀水量的功能。

(7) 局部给水处理设施。

当有些建筑对给水水质要求很高，超出我国现行生活饮用水卫生标准或其他原因水质不能满足要求时，就需要设置一些设备、构筑物进行积水深度处理。

(8) 室内消防设备。

根据《建筑设计防火规范》及《高层民用建筑设计防火规范》的规定，建筑物内需设置消防给水系统时，一般应设置消火栓等灭火设置。有特殊要求时，还需设置自动喷水设备。

6. 给水管道安装

(1) 钢管的焊接采用手工电弧焊，焊条选用 E43 系列，管口处加工成 45°坡口。管道焊接时应有防风、雨、雪措施。

(2) 阀门安装位置、进出口方向正确，连接牢固、紧密，启闭灵活，朝向合理，表面洁净。

(3) 生活给水管道试压：水压试验时放净空气，充满水后加压至 0.6MPa，10min 内压力降不大于 0.05MPa，然后将试验压力降至工作压力作外观检查，以不漏为合格。

(4) 消火栓支管要以栓阀的坐标、标高定位甩口，核定后再稳固消防箱，箱体找正稳固后再把栓阀安装好。栓阀应朝外，箱体稍微凸出墙外，以便箱门的开启；栓口离地面高度 1.1m。

(5) 喷头采用 DN25 的支管，末端用 25mm×15mm 异径大小头，安装应用特别扳手，填料采用聚四氟乙烯胶带。在方向一致、标高相称的场所安装喷头时，宜用一根直线固定在最前与最后的两只喷头中间，然后安装中间部分，保证其美观性。

(6) 报警阀安装：安装在明显、易于操作的位置，距地高度宜为 1m 左右。报警阀处地面应有排水措施，环境温度不应低于 5℃，组装时按产品说明书和设计要求，控制阀应有启闭指示装置，并使阀门工作处于常开状态。

(7) 水流指示器安装：安装在每层的水平分支干管上。应水平安装，保证叶片活动灵敏，安装时应注意水流方向与指示器箭头一致。

(8) 消防管道试压：上水时最高点要有排气装置，高低点各装一块压力表，上满水后检查管路渗漏，如法兰、阀门等部位有渗漏，应在加压前紧固，升压后再出现渗漏时应做好标记，卸压后处理，必要时汇水处理。试压合格后及时办理验收手费。

(9) 管道冲洗：消防管道在试压完毕后可做连续冲洗工作。冲洗前先将系统中的流量减压孔板、过滤装置拆除，冲洗水质合格后重新装好，冲洗出的水要有排放去向，不得损坏其他成品。

(10) 喷洒系统试压：封吊顶前应进行系统试压，为了不影响吊顶装修进度可分层分段试压，试压完后冲洗管道，合格后方可封闭吊顶。吊顶材料在管箍口处开一个 30mm 的孔，把预留口露出，吊顶装修完后，丝堵卸下安装喷头。

7. 给水方式

(1) 直接给水方式，如图 7-3 所示。

报警阀.avi

水流指示器.mp4

直接给水方式.avi

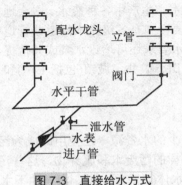

图 7-3　直接给水方式

拓展资源 1.pdf

(2) 设水箱的给水方式，如图 7-4 所示。

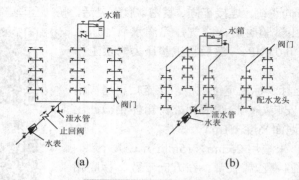

设水箱给水方式.avi

气压给水装置.avi

图 7-4　设水箱的给水方式

(3) 设水泵的给水方式。

(4) 设水池、水泵和水箱的给水方式，如图 7-5 所示。

(5) 设气压给水装置的给水方式，如图 7-6 所示。

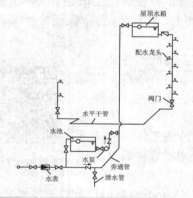

图 7-5　设水池、水泵和水箱的给水方式

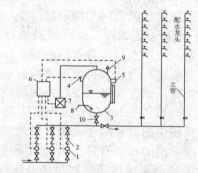

图 7-6　设气压给水装置的给水方式

(6) 竖向分区给水。

(7) 分质给水方式。

8. 建筑排水系统

排水工程是指收集和排出人类生活污水和生产中各种废水、多余地表水和地下水(降低地下水位)的工程。主要设施有各级排水沟道或管道及其附属建筑物，视不同的排水对象和排水要求还可增设水泵或其他提水机械、污水处理建筑物等。主要用于农田、矿井、城镇(包括工厂)和施工场地等。

城市污水排水系统.avi

9. 建筑排水介绍

在城镇，作为人们生活、生产必不可少的水资源一经使用即成为污废水。从住宅、工业企业和各种公共建筑中不断排出各种各样的污废水和废弃物，这些污水多含有大量有机物或细菌病毒，如不加以控制，直接排入水体(江、河、湖、海、地下水)或土壤中，将会使水体或土壤受到严重污染，甚至破坏原有的自然环境，引起环境问题，造成社会公害。因

为污水中存在的有毒物质或有机物质，容易引起水体污染或富营养化。

为了保护环境，现代城市需要建设一整套完善的工程设施来收集、输送、处理和处置这些污废水，城市降水也应及时排除。排水工程就是城市、工业企业排水的收集、输送、处理和排放的工程系统。排水包括生活污水、工业废水、降水以及排入城市污水排水系统的生活污水、工业废水或雨水的混合污水(城市污水)。因此，排水工程的基本任务是保护环境免受污染，促进工农业生产的发展和保障人民的健康与正常生活。其主要内容包括：①收集城市内各类污水并及时地将其输送至适当地点(污水处理厂等)；②妥善处理后排放或再重复利用。

10. 建筑排水工程的分类

排水工程通常由排水管网、污水处理厂和出水口组成。排水管网是收集和输送废水的设施，包括排水设备、检查井、管渠、水泵站等工程设施；污水处理厂是处理和利用废水的设施，包括城市及工业企业污水处理厂(站)中的各种处理构筑物等；出水口是使废水排入水体并使其与水体很好混合的工程设施。下面分别介绍城市污水、工业废水、雨水等各排水系统的主要组成部分。

拓展资源 2.pdf

(1) 城市污水排水系统的主要组成部分。

城市污水包括排入城镇污水管道的生活污水和工业废水。将工业废水排入城市生活污水排水系统，就组成了城市污水排水系统。

(2) 工业废水排水系统的主要组成部分。

在工业企业中，几乎没有一种工业生产不用水，水经生产过程使用后，绝大部分会变成废水。这就需要用管道将厂内各车间及其他排水对象所排出的不同性质的废水收集起来，送至废水回收利用或处理构筑物。经回收处理后的水可再利用或排入水体，或排入城市排水系统。若某些工业废水不经处理即达到排放标准容许，可直接排入厂外的城市污水管道中，此时，就不需设置废水处理构筑物。

(3) 雨水排水系统的主要组成部分。

雨水排水系统主要用来收集径流的雨水，并将其排入水体。屋面雨水的收集用雨水斗或天沟，地面雨水的收集用雨水口。雨水排水系统的室外管渠系统基本和污水排水系统相同。雨水一般可不用处理直接排入水体。由于雨水径流较大，应尽量不设或少设雨水泵站。

拓展资源 3.pdf

11. 排水系统的组成

排水系统主要包括：①污(废)水收集器；②排水管道；③通气管；④清通设备；⑤抽升设备；⑥污水局部处理构筑物；⑦室外排水管道。

12. 排水系统的安装

城市居民居住区或工业企业排水系统的平面布置形式，主要是根据城市地形、竖向规划、土壤条件、水体情况、污水处理厂的位置以及污水的种类和污染程度等因素确定的。下面是几种以地形为主要因素的布置形式。在实际情况下，很少采用单独一种布置形式，

拓展资源 4.pdf

而是要根据具体情况，因地制宜采用综合布置形式。

(1) 正交式布置；

(2) 截流式布置；

(3) 平行式布置；

(4) 分区式布置；

(5) 分散式布置。

13. 建筑外排水

建筑外排水可分为以下几类。

(1) 普通外排水系统。

普通外排水系统又称榜沟外排水系统，由榜沟和雨落管组成。降落到屋面的雨水沿屋面集流到檐沟，然后经由隔一定间距沿外堵设置的雨落管排至地面或雨水口。雨落管多为镀锌铁皮管或塑料管。镀锌铁皮管为方形，断面尺寸一般为 80mm×100mm 或 80mm×120mm，塑料管管径为 75mm 或 100mm。根据降雨量和管道的通水能力确定单根雨落管服务的房屋面积，再根据屋面形状和面积确定雨落管间距。根据经验：民用建筑雨落管间距为 8～12m，工业建筑为 18～24m。普通外排水系统适用于普通住宅、一般公共建筑和小型单跨厂房。

(2) 天沟外排水系统。

天沟外排水系统由天沟、雨水斗和排水立管组成。天沟设置在两跨中间，雨水斗沿外墙布置。降落到屋面上的雨水沿坡向天沟的屋面汇集到天沟，沿天沟流至建筑物两端(山墙、女儿墙)，入雨水斗，经立管排至地面或雨水井。天沟外排水系统适用于长度不超过 100m 的多跨工业。

天沟外排水系统.avi

天沟的排水断面形式根据屋面情况而定，一般多为矩形和梯形。天沟坡度不宜太大，以免引起天沟端屋顶垫层过厚而增加结构荷重；但也不宜太小，以免天沟抹面时局部出现倒坡，雨水在天沟中集聚，造成屋顶漏水，所以天沟坡度一般在 0.003～0.006。

天沟内的排水分水线应设置在建筑物的伸缩缝或沉降缝处，天沟的长度应根据地区暴雨强度、建筑物跨度、天沟断面形式等进行水力计算确定，一般不要超过 50m。为了排水安全，防止天沟末端积水太深，应在天沟顶端设置溢流口。

采用天沟外排水方式，在屋面不设雨水斗，排水安全可靠，不会因施工不善造成屋面漏水或检查井冒水，且节省管材，施工简便，有利于厂房内空间利用，也可减小厂区雨水管道的埋深。但因天沟有一定的坡度，而且较长，排水立管在山墙外，也存在着屋面垫层厚、结构负荷大的问题，使得晴天屋面灰尘堆积多，雨天天沟排水不畅，在寒冷地区排水立管有被冻裂的可能。

14. 建筑内排水

(1) 建筑内部雨水管道。

建筑内部雨水管道用来排除屋面的雨水，一般用于大屋面的厂房及一些高层建筑雨雪水的排除。生活污废水、工业废水及雨水分别设置管道排出室外称为建筑分流制排水，若将其中两类以上的污水、废水合流排出则称建筑合流制排水。建筑排水系统是选择分流制排水系统还是合流制排水系统，应综合考虑污水污染性质、污染程度、室外排水体制是否有利于水质综合利用及处理等因素来确定。

(2) 工业废水排水系统。

工业废水排水系统用来排除工业生产过程中的生产废水和生产污水。生产废水污染程度较轻，如循环冷却水等。生产污水的污染程度较重，一般需要经过处理才能排放。

(3) 生活排水系统。

生活排水系统将建筑内的生活废水(即人们日常生活中排泄的污水等)和生活污水(主要指粪便污水)排至室外。目前我国建筑排污分流设计中是将生活污水单独排入化粪池，而生活废水则直接排入市政下水道。

7.1.2 采暖安装工程概述

采暖工程包括室外供热管网和室内采暖系统两大部分。

1. 室外供热管网

室外供热管网的任务是将锅炉生产的热能，通过蒸汽、热水等热媒输送到室内采暖系统，以满足生产、生活的需要。室外供热管网根据输送的介质不同，可分为蒸汽管网和热水管网两种；按其工作压力不同可分为低压、中压和高压三种。

采暖安装工程概述.mp3

2. 室内采暖系统

室内采暖系统根据室内供热管网输送的介质不同可分为热水采暖系统和蒸汽采暖系统两大类。

(1) 热水采暖系统。

热水采暖系统按供水温度可分为：一般热水采暖(供水温度 95℃，回水温度 70℃)和高温热水采暖(供水温度 96～130℃，回水温度 70℃)两种；按水在系统内循环的动力可分为自然循环系统(靠水的重度差进行循环)和机械循环系统(靠水泵力进行循环)两种，分别如图 7-7、图 7-8 所示。

室内采暖系统.avi

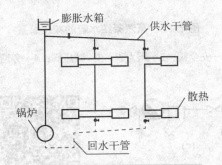

图 7-7 自然循环上分式单管系统

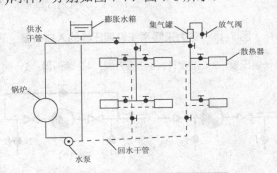

图 7-8 机械循环上分式双管系统

(2) 蒸汽采暖系统。

蒸汽采暖系统按压力不同可分为低压蒸汽采暖(蒸汽工作压力≤0.07MPa)和高压蒸汽采暖(蒸汽工作压力>0.07MPa)两种；按凝结水回水方式不同可分为重力回水式蒸汽采暖系统

和机械回水式蒸汽采暖系统两种，分别如图 7-9、图 7-10 所示。

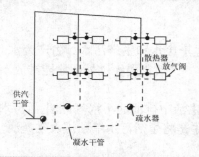

图 7-9　重力回水式双管上分式蒸汽采暖系统

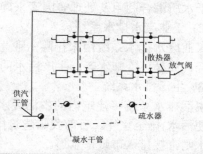

图 7-10　机械回水式双管上分式蒸汽采暖系统

3. 室内采暖系统的组成

室内采暖系统由入口装置、室内采暖管道、管道附件、散热器等组成。

(1) 入口装置。

室内采暖系统与室外供热管网相连接处的阀门、仪表和减压装置统称为采暖系统入口装置。热水采暖系统常用设调压板的入口装置，如图 7-11 所示。

由图 7-12 可知，在入口装置中及入口处常设低压设备减压器与疏水器。减压器是靠阀孔的启闭对通过介质进行节流以达到减压的，减压阀的安装以阀组的形式出现。阀组由减压阀、前后控制阀、压力表、安全阀、冲洗管、冲洗阀、旁通管、旁通阀及螺纹连接的三通、弯头、活接头等管件组成；疏水器与减压阀类似，它也是由疏水器和前后的控制阀、旁通装置、冲洗和检查装置等组成，如图 7-13 所示。

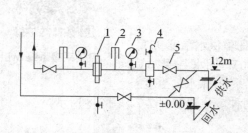

图 7-11　热力采暖系统设调压板的入口装置

1—调压板；2—温度计；3—压力表；4—除污器；5—阀门

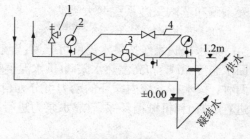

图 7-12　蒸汽凝结水管的减压装置

1—安全阀；2—压力表；3—减压阀；4—旁通管

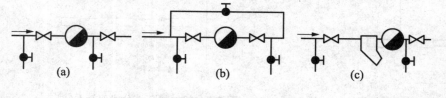

图 7-13　疏水器组

(a) 不带旁通管；(b) 带旁通管；(c)带滤清器

调压器.avi

减压阀、疏水器、安全阀等有时根据需要也可单体安装，如图 7-14 所示。

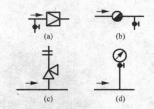

图 7-14　单体安装的阀体

(a) 减压阀；(b)疏水阀；(c) 安全阀；(d) 压力表

(2) 室内采暖管道。

室内采暖管道是由供水(气)干管、立管及支管组成的，其管道安装要求基本上同给水管道。

(3) 管道附件。

采暖管道上的附件有：阀门、放气阀、集气罐、膨胀水箱、伸缩器等。

放气阀一般设在供气干管上的最高点，当管道水压试验前充水和系统启动时，利用此阀排除管道内的空气。集气罐一般装在热水采暖管道系统中供水干管的末端(高点)，用于排除系统中的空气。也可装排气阀和膨胀水箱，以排除系统及散热器组内的空气。

管道附件.mp3

(4) 散热器。

散热器是将热水或蒸汽的热能散发到室内空间，使室内气温升高的设备。散热器的种类很多，常用的有铸铁散热器、钢串片式散热器、钢制闭式对流散热器、光排管式散热器等。

① 铸铁散热器：铸铁散热器分柱形和圆翼形、长翼形三种。柱形又有二柱、四柱、五柱和六柱等，分别如图 7-15、图 7-16 所示。

铸铁散热器.avi

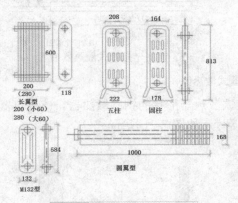

图 7-15　铸铁散热器结构图

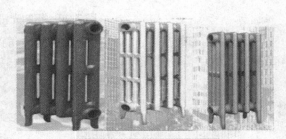

图 7-16　铸铁散热器实物图

二柱形散热器的规格以宽度表示，如 M—132 型，其宽度为 132mm；四柱、五柱、六柱形散热器的规格以高度表示，分带足和不带足两种，如四柱 813 型，其高度为 813mm；长翼形散热器根据翼片多少分为大 60 和小 60 两种，大 60 是 14 个翼片，每片长 280mm，小 60 是 10 个翼片，每片长 200mm，它们的高度均为 600mm；圆翼形散热器根据长度可分为 1000mm、750mm 两种。

柱形散热器每片的散热面积小，安装前应按照设计规定，将数片散热器组对成一组散热器，然后再进行水压试验。

② 钢串片式散热器，如图 7-17 所示。

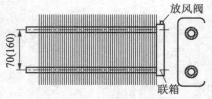
(a) 钢串片式散热器结构图

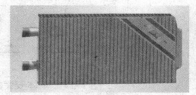
(b) 钢串片式散热器实物图

钢串片式
散热器.avi

图 7-17　钢串片式散热器

③ 钢制闭式对流散热器，如图 7-18 所示。

④ 钢制板式散热器，如图 7-19 所示。

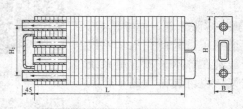

图 7-18　钢制闭式对流散热器

图 7-19　钢制板式散热器

⑤ 钢制光排管式散热器，如图 7-20 所示。

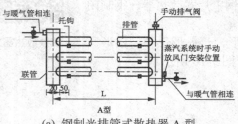
(a) 钢制光排管式散热器 A 型

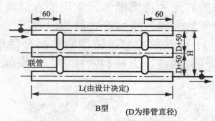
(b) 钢制光排管式散热器 B 型

图 7-20　钢制光排管式散热器

⑥ 钢制柱形散热器：钢制柱形散热器是仿铸铁散热器形状的钢制散热器。该散热器是将钢板冲压成所需的形状，再经焊接，组成散热器片，如图 7-21 所示。

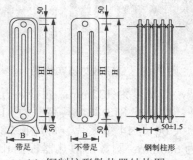
(a) 钢制柱形散热器结构图

(b) 钢制柱形散热器实物图

图 7-21　钢制柱形散热器

7.1.3　燃气安装工程概述

　　燃气是气体燃料的总称，它通过燃烧释放出热量，供城市居民和工业企业使用。相较于传统的固体燃料，燃气有输送方便、有利于燃烧设备的调节控制、利用率高、无废渣等优点，而且燃气一般都是经过净化处理，有害杂质少，废弃污染物少，对环境保护贡献不言而喻。

　　性质方面，燃气一般是多种组分的混合气体，因此涉及了燃气的组成、燃气热值、燃气密度以及与安全性能密切相关的爆炸极限等性质方面的内容。爆炸极限是燃气易燃易爆的特性，指当燃气和空气混合达一定比例时，点燃会有爆炸的危险，对此应十分谨慎。

1. 燃气的分类

　　当今市面上供应的燃气主要有人工燃气、液化石油气和天然气三大类型。

　　(1) 煤气主要是以煤为原料，进行焦化，制造水煤气等获得。

　　(2) 天然气气源有两种，一种是在气田开采后，经过净化处理，直接经输管线输出；另一种则是开采净化后，将其液化后采用远洋船舶运输。

燃气的分类.mp3

　　(3) 液化石油气来源于油气，通过分离净化工艺后得到液态的液化石油气，经海陆运输至液化气储配站后，供应给市民。

2. 天然气

　　天然气是从地下开采出来的一种可燃性气体，它是埋藏在地壳下面的生物有机体经过漫长的地质年代和复杂的转化过程形成的。

　　我国利用天然气的历史悠久，它是气体燃料中出类拔萃的新秀，具有清洁、无毒、热值高、使用调节方便等优点，广泛用于各行各业，如熬盐、化工、化肥、冶炼、炭黑生产、CNG 汽车和城市民用等。

　　随着城市的建设发展，城市天然气事业迅速壮大，公用、民用天然气用户大量增加，为减轻环境污染，天然气在各行各业不断受到重视，它是 21 世纪一种清洁、高效、优质的环保能源。

拓展资源 5.pdf

3. 天然气的种类

　　(1) 按照油气藏的特点，天然气可分为三类，即气田气、凝析气田气和油田伴生气。

　　(2) 按照天然气中的含硫量差别，天然气可分为洁气和酸性天然气。

4. 城市燃气输配系统

　　(1) 供应方式；
　　(2) 城市燃气管网；
　　(3) 小区燃气管网。

燃气具.avi

5. 室内燃气管道

室内燃气管道系统是在建筑物内根据燃气用户的需求，按照燃气供应的专业技术标准建立起来的室内燃气输送分配系统。它有引入管、主干管道(立管)、用户支管、表后管、阀门及其配件等构成。

6. 燃气设备

近年来，建筑设备中的燃气设备不断地发展，技术更新快，产品种类多，市面上出现了许多种类的炊事灶具、热水器和空调，更有提供动力的蒸汽锅炉、提供热水的热水炉等大负荷燃气设备，满足了人们的各种需要。考虑到广泛性和普遍性，本章的燃气设备主要指燃气灶具、燃气热水器和燃气计量表。

7.2 给排水、采暖、燃气安装工程工程量清单计量

7.2.1 给排水安装工程工程量清单计价规定

1. 室内外界线划分

1) 给水管道

(1) 室内外界线：阀门或外墙皮 1.5m；

(2) 与市政管道界线以水表井为界，无水表井者，以与市政管道碰头点(#)为界。

2) 排水管道

(1) 室内外以出户第一个排水检查井为界；

(2) 室外管道与市政管道界线以与市政管道碰头井为界。另设在高层建筑内的泵房间管道以泵房外墙皮为界(泵房内管道阀件套用工艺管道定额章节)。

2. 管道安装

(1) 各种管道，均以设计施工说明材质按递增或递减步距分不同管材，均以施工图所示中心长度，以"m"为计量单位，不扣除阀门、管件所占的长度(室外管道不扣除井所占长度)。另设置于管道间、管廊内的管道(含相关连接件)，其定额人工乘以系数 1.3；主体结构为现场浇筑采用钢模施工的工程：内外浇筑的定额人工乘以系数 1.05，内浇外砌的定额人工乘以系数 1.03。

淋浴器.mp4

(2) 卫生器具给水管管道安装工程量计算规定。

① 各种卫生器具的给水管道安装工程量均计至各卫生器具供水点(镶接点)。

② 淋浴器的给水管道安装工程量计至阀门中心。

(3) 排水管道安装工程量计算规定。

① 蹲式大便器安装：采用铸铁 P 型存水弯的，管长算到楼地面(扣除存水弯长度)，计算主材时另加铸铁存水弯与陶瓷存水弯的价差；采用陶瓷存水弯，管长算到楼地面。

② 坐式大便器安装。坐式大便器安装的管长计算到楼地面。

③ 立式小便器安装。立式小便器安装只计算其水平管道长度,立管不计。

④ 挂式小便器安装。挂式小便器安装的管长计算到楼地面。

⑤ 扫除口安装。扫除口安装的管长计算到楼地面。

⑥ 浴盆安装。浴盆安装的管长计算到楼地面(扣除存水弯长度)。

⑦ 排水栓安装:不带存水弯的,管长计算到楼地面;带S存水弯的,管长计算到楼地面上0.1m;另计0.15m短管主材。P型存水弯的,管长计算到P型存水弯接口点。

⑧ 地漏安装。不带存水弯的,管长计算到楼地面下0.1m;带存水弯的,管长计算到楼地面下0.1m(扣除存水弯长度)。

(4) 套管安装计算。

① 刚性或柔性防水套管一般都是穿越地下式的管道才使用,一般情况不用。穿楼板套管是:穿卫生间套管高出地平5cm,套管总长25cm,其他房间套管高出地平2cm,套管总长度20cm。穿墙与两边墙平,套管总长度30cm。设计无说明时,一般钢管穿钢套管,塑料管穿塑料套管。

② 刚性套管是设计有要求或施工验收规范有明确规定时(如管道穿越承重或受压结构时)才使用。穿墙、过楼板的铁皮套管安装已综合在估价表中;过楼板的钢套管按延长米套用室外钢管(焊接)相应子目。

套管安装计算.mp3

3. 阀门、水位标尺安装

(1) 各种阀门安装均以"个"为计量单位。法兰阀门安装,如仅为一侧法兰连接时,定额所列法兰、带帽螺栓及垫圈数量减半,其余不变。

(2) 各种法兰连接用垫片,均按石棉橡胶板计算,如用其他材料,不得调整。

(3) 法兰阀安装,均以"套"为计量单位,如接口材料不同时,可作调整。

(4) 自动排气阀安装以"个"为计量单位,已包括了支架制作安装,不得另行计算。

(5) 浮球阀安装均以"个"为计量单位,已包括了联杆及浮球的安装,不得另行计算。

(6) 螺纹水表安装已含一个普通截止阀的安装费及材料费。

4. 低压器具、水表组成与安装

(1) 减压器、疏水器组成安装以"组"为计量单位,如设计组成与定额不同时,阀门和压力表数量可按设计用量进行调整,其余不变。

(2) 减压器安装按高压侧的直径计算。

(3) 法兰水表安装以"组"为计量单位,定额中旁通管及止回阀如与设计规定的安装形式不同时,阀门及止回阀可按设计规定进行调整,其余不变。

5. 卫生器具制作安装

(1) 卫生器具安装以"组"为计量单位,已按标准图综合了卫生器具与给水管、排水管连接的人工与材料用量,不得另行计算。

(2) 浴盆安装不包括支座和四周侧面的砌砖及瓷砖粘贴。

(3) 蹲式大便器安装,已包括了固定大便器的垫砖,但不包括大便器蹲台砌筑。

(4) 大便槽、小便槽自动冲洗水箱安装以"套"为计量单位,已包括了水箱托架的制作安装,不得另行计算。

(5) 小便槽冲洗管制作与安装以"m"为计量单位,不包括阀门安装,其工程量可按相应定额另行计算。

(6) 脚踏开关安装,已包括了弯管与喷头的安装,不得另行计算。

(7) 冷热水混合器安装以"套"为计量单位,不包括支架制作安装及阀门安装,其工程量可按相应定额另行计算。

(8) 热水器、电开水炉安装以"台"为计量单位,只考虑本体安装,连接管、连接件等工程量可按相应定额另行计算。

(9) 饮水器安装以"台"为计量单位,阀门和脚踏开关工程量可按相应定额另行计算。

7.2.2 供暖器具安装规定

1. 供暖器具安装一般规定

(1) 热空气幕安装以"台"为计量单位,其支架制作安装可按相应定额另行计算。

(2) 长翼、柱形铸铁散热器组成安装以"片"为计量单位,其气包垫不得换算;圆翼型铸铁散热器组成安装以"节"为计量单位。

(3) 光排管散热器制作安装以"m"为计量单位,已包括联管长度,不得另行计算。

2. 小型容器制作安装规定

(1) 钢板水箱制作,按施工图所示尺寸,不扣除人孔、手孔重量,以"kg"为计量单位,法兰和短管水位计可按相应定额另行计算。

(2) 钢板水箱安装,按国家标准图集水箱容量"m³",执行相应定额。各种水箱安装,均以"个"为计量单位。

7.2.3 燃气管道及附件、器具安装规则

1. 一般规定

(1) 各种管道安装,均按设计管道中心线长度,以"m"为计量单位,不扣除各种管件和阀门所占长度。

(2) 除铸铁管外,管道安装中已包括管件安装和管件本身价值。

(3) 承插铸铁管安装定额中未列出接头零件,其本身价值应按设计用量另行计算,其余不变。

燃气管道及附件、器具安装规则一般规定.mp3

(4) 钢管焊接挖眼接管工作,均在定额中综合取定,不得另行计算。

2. 采暖管道立、支管工程量计算示例

1) 立管

采暖系统立管应按管道系统图中的立管标高以及立管的布置形式(单管式、双管式)计算工程量。在施工图中,立管中间变径时,分别计算工程量。供水管变径点在散热器的进口处,回水管变径点在散热器的出口处。

立管.mp3

(1) 单管顺流(立管与干管有一段距离)工程量计算，如图 7-22 所示。

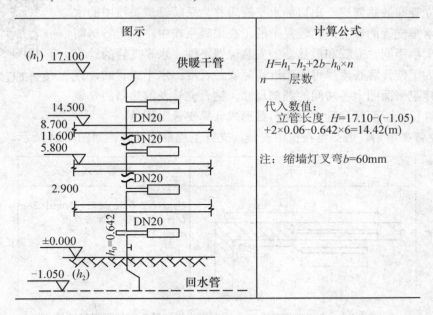

图示	计算公式
	$H=h_1-h_2+2b-h_0 \times n$ n——层数 代入数值： 立管长度 $H=17.10-(-1.05)$ $+2 \times 0.06-0.642 \times 6=14.42(m)$ 注：缩墙灯叉弯 $b=60mm$

图 7-22　单管顺流式立管计算

(2) 双管式立管工程量计算，如图 7-23 所示。

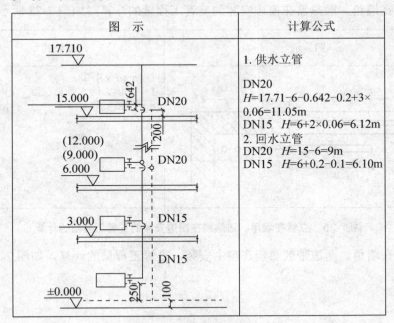

图　示	计算公式
	1. 供水立管 DN20 $H=17.71-6-0.642-0.2+3 \times$ $0.06=11.05m$ DN15　$H=6+2 \times 0.06=6.12m$ 2. 回水立管 DN20　$H=15-6=9m$ DN15　$H=6+0.2-0.1=6.10m$

图 7-23　双管式立管工程量的计算

注：如果回水管敷设在地沟中，由于地沟内管道的防腐和绝热与明敷设管道不同，为了计算上的方便，工程量计算时应以±0.000 为界分别计算。

2) 支管工程量计算

连接立管与散热器进、出口的水平管段称为采暖管道系统中的水平支管。水平支管的计算是比较复杂的，在采暖系统中，由于各房间散热器的大小不同、立管和散热器的安装位置不同，水平支管的计算就不同。为了使计算长度尽可能接近实际安装长度，水平支管的计算一般应按建筑平面图上各房间的细部尺寸，结合立管及散热器的安装位置分别进行，下面就几种常见的布置形式计算支管工程量。

(1) 立管在墙角、散热器在窗中安装，支管工程量的计算，如图7-24所示。

图　示	计算公式
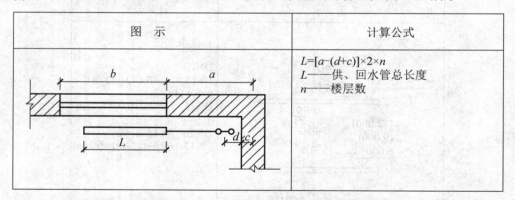	$L=[a+b/2-(d+c)-L/2+35\text{mm}]\times 2\times n$ L——供、回水管总长度 n——楼层数

图 7-24　立管在墙角、散热器在窗中安装的支管工程量的计算

注：当散热器是若干片组成一组的，$L=$每片厚度×总片数。

(2) 立管在墙角、散热器在窗边安装的支管工程量的计算，如图7-25所示。

图　示	计算公式
	$L=[a-(d+c)]\times 2\times n$ L——供、回水管总长度 n——楼层数

图 7-25　立管在墙角、散热器在窗边安装的支管工程量的计算

(3) 立管在墙角、两边带散热器在窗中安装，支管工程量的计算，如图7-26所示。

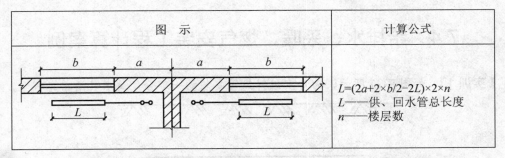

图　示	计算公式
	$L=(2a+2\times b/2-2L)\times 2\times n$ L——供、回水管总长度 n——楼层数

图 7-26　立管在墙角、两边散热器在窗中安装的支管工程量的计算

7.3　给排水、采暖、燃气安装工程工程量清单计价表

本节所摘录的工程量清单计价表详见二维码。

1. 给排水、采暖、燃气管道

给排水、采暖、燃气管道工程量清单项目设置、项目特征描述的内容、计量单位及工程量计算规则，应按二维码中表 7-1 的规定执行。

2. 支架及其他

支架及其他工程量清单项目设置、项目特征描述的内容、计量单位及工程量计算规则，应按二维码中表 7-2 的规定执行。

拓展资源 6.pdf

3. 管道附件

管道附件工程量清单项目设置、项目特征描述的内容、计量单位及工程量计算规则，应按二维码中表 7-3 的规定执行。

4. 卫生器具

卫生器具工程量清单项目设置、项目特征描述的内容、计量单位及工程量计算规则，应按二维码中表 7-4 的规定执行。

5. 供暖器具

供暖器具工程量清单项目设置、项目特征描述的内容、计量单位及工程量计算规则，应按二维码中表 7-5 的规定执行。

6. 燃气器具及其他

燃气器具及其他工程量清单项目设置、项目特征描述的内容、计量单位及工程量计算规则，应按二维码中表 7-6 的规定执行。

7. 采暖、空调水工程系统调试

采暖、空调水工程系统调试工程量清单项目设置、项目特征描述的内容、计量单位及工程量计算规则，应按二维码中表 7-7 的规定执行。

7.4　给排水、采暖、燃气安装工程计算案例

【实训1】　如图 7-27 所示，为外室镀锌钢管安装的一部分，试求其清单工程量。

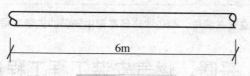

6m

图 7-27　镀锌钢管

【解】　清单工程量

镀锌钢管：6m

【实训2】　如图 7-28 所示，其中螺纹水表 DN50，长度 1.2m，试求其工程量。

图 7-28　螺纹水表

【解】　清单工程量

DN50 螺纹水表：1 组

DN50 管道：1.2m

【实训3】　如图 7-29 所示，为民用灶具系统示意图，其中胶管为 1m，试求其工程量。

图 7-29　民用灶具

【解】　清单工程量

燃气灶具：1 台

钢瓶：1 个

阀门：1 个

调压器：1 个

胶管 1m

【实训4】 如图 7-30 所示为某六层住宅厨房人工煤气管道布置图及系统图,管道采用镀锌钢管螺纹连接,明敷设。煤气表采用双表头 4m³/h,单价 80 元;煤气灶采用自动点火灶,单价 240 元;采用单嘴外螺纹气嘴,单价 10 元;DN15 镀锌钢管 8 元/m;DN25 镀锌钢管 15 元/m;DN40 镀锌钢管 18 元/m;DN50 镀锌钢管 20 元/m;DN80 镀锌钢管 25 元/m;旋塞阀门单价为 10 元。管道距墙为 40mm(答案解析详见二维码)。

试求本例中工程量计算包括煤气管、煤气表、煤气灶、燃气嘴工程量。

拓展资源 7.pdf

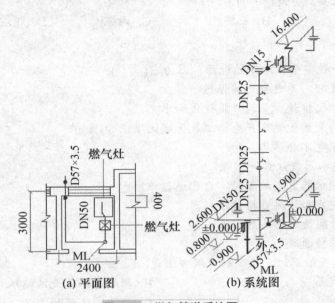

(a) 平面图　　　(b) 系统图

图 7-30　燃气管道系统图

本 章 小 结

通过学习本章,学生们可以知道给排水安装工程的概念、给水分类及给水方式;掌握给排水、采暖、燃气安装工程工程量清单计量;认识给排水、采暖、燃气安装工程工程量清单计价。为以后的学习和工作打下坚实的基础。

实 训 练 习

一、单选题

1. 存水弯的水封深度不得小于(　　)毫米。

　　A. 30　　　　　　B. 40　　　　　　C. 50　　　　　　D. 60

2. 建筑内部排水管管径一般不小于(　　)毫米。

　　A. 40　　　　　　B. 50　　　　　　C. 75　　　　　　D. 100

3. 生活饮用水不得因回流而被污染，设计时应符合有关规范要求，其中，给水管配水出口高出用水设备溢流水位最小空气间隙( )。

    A. 不得小于配水出口处出水口直径

    B. 不得小于配水出口处出水口直径的 1.5 倍

    C. 不得小于配水出口处出水口直径的 2.0 倍

    D. 不得小于配水出口处出水口直径的 2.5 倍

4. 低温热水采暖系统是指供水温度为( )的采暖系统。

    A. $\geqslant 100℃$ B. $\leqslant 100℃$ C. $< 100℃$ D. $< 150℃$

5. 天然气的主要成分是( )。

    A. 甲烷   B. 乙烷   C. 丙烷   D. 丁烷

二、多选题

1. 天然气是一种安全、洁净的能源，因为它( )。

    A. 比空气轻，无毒且无腐蚀性

    B. 燃烧时仅排放少量的二氧化氮和水

    C. 当量的天然气燃烧产生的二氧化碳比煤低 50%

    D. 泄漏了也不会爆炸。

2. 使用燃气热水器应注意( )。

    A. 燃气热水器发生故障时，自己进行维修

    B. 严禁安装和使用直排式热水器

    C. 可长时间使用燃气热水器

    D. 房间保持通风

3. 当怀疑有燃气泄漏时，正确的查漏方法是( )。

    A. 明火试漏   B. 用肥皂水或洗洁精水涂于胶管上

    C. 闻气味   D. 请专业人员检查

4. 建筑内部排水定额有两种，主要是( )。

    A. 以每人每日为标准   B. 以卫生器具为标准

    C. 以地区生活习惯为标准   D. 以建筑内卫生设备完善程度为标准

5. 集中热水供应系统的主要组成是( )。

    A. 热媒系统   B. 热水供应系统

    C. 吸气阀   D. 附件

三、简答题

1. 简述室内给水系统的组成。

2. 简述一般给水方式。

3. 简述排水系统的组成。

第 7 章习题答案.pdf

实训工作单一

班级		姓名		日期	
教学项目		给排水、采暖、燃气安装工程			
任务	给排水安装工程工程量清单计价编制	要求	1. 会计算给排水安装工程工程量 2. 会编制给排水安装工程工程量清单表		
相关知识		给排水安装工程基础知识			
其他要求					
给排水安装工程工程量清单表编制过程记录					
评语			指导老师		

实训工作单二

班级		姓名		日期	
教学项目		给排水、采暖、燃气安装工程			
任务	采暖安装工程工程量清单计价编制	要求	1. 会计算采暖安装工程工程量 2. 会编制采暖安装工程工程量清单表		
相关知识		采暖安装工程基础知识			
其他要求					
采暖安装工程工程量清单表编制过程记录					
评语				指导老师	

实训工作单三

班级		姓名		日期	
教学项目		给排水、采暖、燃气安装工程			
任务	燃气安装工程工程量清单计价编制	要求		1. 会计算燃气安装工程工程量 2. 会编制燃气安装工程工程量清单表	
相关知识		燃气采暖安装工程基础知识			
其他要求					
燃气安装工程工程量清单表编制过程记录					
评语				指导老师	

刷油、防腐蚀、
绝热工程.pptx

刷油、防腐蚀、
绝热工程教案.pdf

第8章　刷油、防腐蚀、绝热工程　　08

【学习目标】

- 掌握刷油、防腐蚀、绝热工程工程量清单计量的规则。
- 会编制刷油、防腐蚀、绝热工程工程量清单表。
- 熟练的运用所学知识进行相关案例分析。

【教学要求】

本章要点	掌握层次	相关知识点
刷油、防腐蚀、绝热工程工程量计量的规则	1. 掌握除锈、刷油工程量的计算规则 2. 掌握防腐蚀工程量的计算规则 3. 掌握绝热工程量的计算规则	刷油、防腐蚀、绝热工程工程基础知识
编制刷油、防腐蚀、绝热工程工程量清单表	1. 学会除锈、刷油工程量清单表的编制 2. 学会防腐蚀工程量清单表的编制 3. 学会绝热工程量清单表的编制	刷油、防腐蚀、绝热工程工程量清单基础知识
案例分析	可以进行刷油、防腐蚀、绝热工程工程量计量和工程量清单案例分析	刷油、防腐蚀、绝热工程基础知识

【项目案例导入】

【案例背景】

(1) 本工程为 5 层(檐口高度 16m)的单身公寓楼，采暖系统采用热水采暖。

(2) 室内采暖管道为镀锌钢管(螺纹连接)DN65(管道外径 76mm)和 DN25(管道外径 33.5mm)，图示工程量(不含散热器所占长度)分别为 80m 和 150m，其中主干管 DN80 的管道穿楼板采用 DN100 的焊接钢管做套管，数量为 16 个，套管长度按每个 300mm 计算。

  (3) 供暖器具为成品钢制柱式散热器(无须刷漆)，共 36 套：其中 8 片(单片厚度为 80mm)组成的为 21 套，12 片(单片厚度为 80mm)组成的为 15 套。

  (4) 该采暖管道室外架空镀锌管道 DN65 长 120m，需要除微锈、刷红丹防锈漆两遍，采用岩棉管壳保温，保温厚度 50mm，缠玻璃丝布一道，外包 0.5 厚铝板、自攻螺钉固定。

  (5) 管道安装完毕后，需按设计规定对管道进行水压试验和消毒冲洗。

  (6) 管道支架、膨胀水箱及其他附件不考虑。

  (7) 具体主材如图 8-1 所示。

序号	名称和规格	单位	单位（元）	
1	镀锌钢管DN80	m	44.00	
2	镀锌钢管DN25	m	13.00	
3	焊接钢管DN125	m	63.00	
4	钢制柱式散热器	片	80.00	
5	醇酸防锈漆C53-1	kg	16.00	
6	岩棉管壳	m³	400.00	
7	铝板δ=0.5	m²	27.00	
8	玻璃丝布	m²	3.00	
9	铝箔胶带	m²	8.00	

图 8-1   主材表

【项目问题导入】

  请根据背景内容，按照《建设工程工程量清单计价规范》《通用安装工程工程量计算规范》(GB50856—2013)的有关规定，计算综合单价和分部分项工程费。工程量清单综合单价分析表中工程量保留三位小数，其他数据保留两位小数。

8.1   刷油、防腐蚀、绝热工程工程量清单计量

8.1.1   管道除锈、刷油、绝热工程子目划分

1. 除锈工程

  除锈工程主要适用于金属表面的手工、动力工具、干喷射除锈及化学除锈工程。各种管件、阀门及设备上人孔、管口凸凹部分的除锈已综合考虑在定额内。

  主要有给排水及采暖管道，如铸铁管、黑铁管、无缝钢管，管道支架、水箱和暖气片的除锈工作。

除锈工作.mp3

(1) 手工除锈工作内容包括除锈、除尘。子目针对"管道"除锈分为轻锈、中锈，执行(12-1-1~12-1-2)两个子目。

(2) 动力工具除锈工作内容包括除锈、除尘。子目针对"管道"除锈分为轻锈、中锈，执行(12-1-11~12-1-12)两个子目。

2. 刷油工程

刷油工程主要适用于金属面、管道、设备、通风管道、金属结构与玻璃布面、石棉布面、马蹄脂面、抹灰面等刷(喷)油漆工程。根据施工对象的不同主要有 10 类，即管道刷油、金属结构刷油和铸铁管、暖气片刷油等。

(1) 管道刷油：工作内容包括调配、涂刷。子目针对"管道"刷油分为红丹防锈漆、防锈漆、带锈底漆、银粉漆、厚漆、调和漆、磁漆、耐酸染、沥青漆等(主要指销管：按刷第一遍、第二遍)，执行(12-2-1～12-2-23)相应子目。

(2) 设备与矩形管道刷油：工作内容包括调配、涂刷。子目包含的刷油分为红丹防锈漆、防锈海、带锈底漆、银粉漆、厚漆、调和漆、磁漆、耐酸染、沥青漆等，分别执行(12-2-24～12-2-48)相应子目。

(3) 金属结构刷油：工作内容包括调配、涂刷。子目针对"管道"刷油分为红丹防锈漆、防锈漆、带锈底漆、银粉漆、厚漆、调和漆、磁漆、沥青漆等(主要指销管：按刷第一遍、第二遍)，执行(12-2-49～12-2-117)相应子目。

(4) 铸铁管、暖气片刷油：工作内容包括调配、涂刷。子目针对"铸铁管、暖气片刷油"刷油分为防锈漆、带锈底漆、环氧富锌漆、热沥青(按刷第一遍、第二遍)，分别执行(12-2-118～12-2-125)相应子目。

(5) 保护层面刷油：工作内容包括调配、涂刷。子目分为厚漆、调和漆、沥青漆、银粉漆、冷底子(按刷第一遍、第二遍)、玻璃布、白布面刷油执行(12-2-126～12-2-185)相应子目。

3. 绝热工程

绝热工程主要适用于设备、管道、通风管道的绝热工程。根据施工用材料及安装位置的不同，主要包括瓦块安装、泡沫玻璃板安装、设备阀门保温和保护层施工等。

(1) 硬制瓦块绝热：适用于珍珠岩、微孔硅酸钙。工作内容包括运料、割料、安装、捆扎、修理整平、抹缝(或塞缝)，区分不同管道直径、设备和厚度。分别执行(12-4-1～12-4-32)相应子目。

(2) 泡沫塑料瓦块安装：工作内容包括运料、下料、安装、捆扎、修理整平。区分不同管道直径、设备和厚度分别执行(12-4-33～12-4-64)相应子目。

(3) 纤维类制品安装，适用于岩棉管壳。工作内容包括运料、开口、安装、捆扎、修理整平。区分不同管道直径和厚度分别执行(12-4-65~12-4-103)相应子目。

(4) 毡类制品：适用缝毡、带网带布制品。工作内容包括运料、下料、安装、捆扎、修

除锈.avi

刷油工程.mp3

拓展资源.pdf

保温绝热.avi

理整平。区分不同管道直径、设备和厚度，分别执行(12-4-141～12-4-172)相应子目。

(5) 防潮层、保护层安装：工作内容包括裁油毡纸、包油毡纸、熬沥青、黏结、绑铁线等。按照使用不同的材料区分管道、设备保护层等安装，执行(12-4-380～12-4-425)相应子目。

(6) 防火涂料：工作内容包括运料、搅拌均匀、喷涂、清理。按照对应设备或者钢结构的不同区分不同的涂抹厚度，执行(12-4-426～12-4-487)相应子目。

8.1.2 刷油、防腐蚀、绝热工程计量

1. 基本计量单位的规定

(1) 刷油工程和防腐蚀工程中设备、管道以"$10m^2$"为计量单位。一般金属结构和管廊钢结构以"100kg"为计量单位。

(2) 绝热工程中绝热层以"m^3"为计量单位，防潮层、保护层以"$10m^2$"为计量单位。

(3) 计算设备、管道内壁防腐蚀工程量时，当壁厚≥10mm时，按其内径计算；当壁厚＜10mm时，按其外径计算。

基本的计量
单位的规定.mp3

2. 除锈工程

(1) 喷射除锈按 Sa2.5 级标准确定。若变更级别标准，如 Sa3 级按人工、材料、机械乘系数 1.1；Sa2 级乘系数 0.9 计算。

(2) 本章不包括除微锈(标准：氧化皮完全紧附，仅有少量锈点)，发生时按轻锈项目乘以系数 0.2。

(3) 因施工需要发生的二次除锈，其工程量另行计算。

3. 刷油工程

(1) 刷油工程按安装地点就地刷(喷)油漆考虑，如安装前管道集中刷油，人工乘以系数 0.45(暖气片除外)，材料系数乘以 1.16，增加喷涂机械电动空气压缩机 $3m^3$/min(其台班消耗量同调整后的合计工日消耗量)。

刷油工程.mp3

(2) 标志色环等零星刷油，执行定额相应项目，其人工乘以系数 2.0。

(3) 主材与稀干料可换算，但人工与材料量不变。

(4) 除锈、刷油工程量计算。

① 设备筒体、管道表面积计算公式：

$$S = \pi \times D \times L \tag{8-1}$$

式中：π——圆周率；

D——设备或管道直径；

L——设备筒体高或管道延长米。

② 计算设备筒体、管道表面积时已包括各种管件、阀门、法兰、人孔、管口凹凸部分，不再另外计算。

4. 防腐蚀涂料工程

(1) 本章内容包括设备、管道、金属结构等各种防腐蚀涂料工程。

(2) 本章不包括除锈工作内容。

(3) 涂料配合比与实际设计配合比不同时，可根据设计要求进行换算，其人工、机械消耗量不变。

防腐蚀涂料工程.mp3

(4) 本章聚合热固化是采用蒸汽及红外线间接聚合固化考虑的，如采用其他方法，应按施工方案另行计算。

(5) 本章未包括的新品种涂料，应按相近定额项目执行，其人工、机械消耗量不变。

(6) 无机富锌底漆执行氯磺化聚乙烯漆，漆用量进行换算。

刷油防腐.avi

(7) 除子目内已列有轴流风机的项目外，其他如涂刷时需要强行通风，应增加轴流通风机(7kW)，其台班消耗量按合计工日消耗量计取。

(8) 防腐蚀工程量的计算

① 设备筒体、管道表面积计算公式同(8-1)。

② 阀门表面积计算式，阀门结构图如图8-2所示。

$$S = \pi \times D \times 2.5D \times K \times N \tag{8-2}$$

式中：D——直径；

　　　K——1.05；

　　　N——阀门个数。

③ 弯头表面积计算式，弯头结构图如图8-3所示。

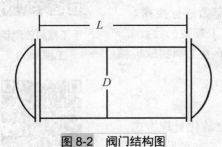

图 8-2 阀门结构图

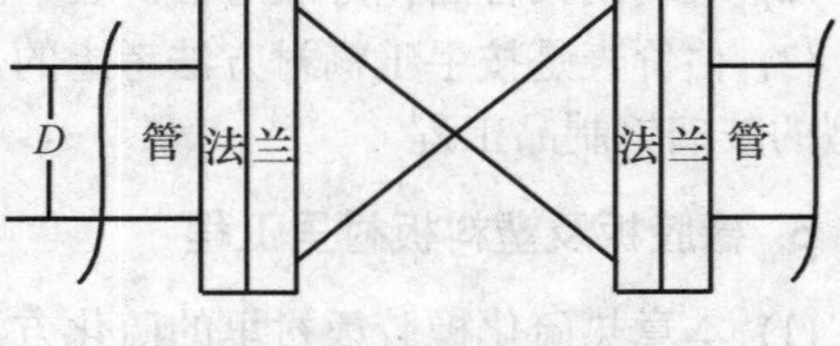

图 8-3 弯头结构图

$$S = \pi \times D \times 1.5D \times K \times 2\pi \times N / B \tag{8-3}$$

式中：D——直径；

　　　K——1.05；

　　　N——弯头个数；

　　　B 值取定为：90°弯头 $B=4$；45°弯头 $B=8$。

④ 法兰表面积计算式，法兰连接结构图如图8-4所示。

$$S = \pi \times D \times 1.5D \times K \times N \tag{8-4}$$

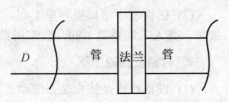

图 8-4 法兰连接结构图

式中：D——直径；

　　　K——1.05；

　　　N——法兰个数。

⑤ 设备和管道法兰翻边防腐蚀工程量计算式，设备和管道法兰翻边防腐示意图如图 8-5 所示。

$$S = \pi \times (D + A) \times A \tag{8-5}$$

式中：D——直径；

　　　A——法兰翻边宽。

⑥ 带封头的设备防腐(或刷油)工程量计算式，带封头的防腐设备示意图如图 8-6 所示。

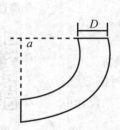

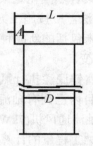

图 8-5　设备和管道法兰翻边防腐示意图　　图 8-6　带封头的防腐设备示意图

$$S = L \times \pi \times D + (D \div 2)^2 \times \pi \times 1.5 \times N \tag{8-6}$$

式中：N——封头个数；

　　　1.5——系数值。

5. 手工糊衬玻璃钢工程

(1) 如因设计要求或施工条件不同，所用胶液配合比、材料品种与估价表不同时，应按本章各种胶液中树脂用量为基数进行换算。

(2) 玻璃钢聚合固化方法与估价表不同时，按施工方案另行计算。

(3) 估价表是按手工糊衬方法考虑的，不适用于手工糊制或机械成型的玻璃钢制品工程。

手工糊衬玻璃钢
工程.mp3

6. 橡胶板及塑料板衬里工程

(1) 本章热硫化橡胶板衬里的硫化方法，按间接硫化处理考虑，需要直接硫化处理时，其人工乘系数 1.25，其他按施工方案另行计算。

(2) 带有超过总面积 15%衬里零件的贮槽、塔类设备，其人工乘系数 1.4。

(3) 估价表中塑料板衬里工程，搭接缝均按胶接考虑，若采用焊接时，其人工乘系数 1.80，胶浆用量乘以系数 0.5。

橡胶板及塑料板
衬里工程.mp3

7. 衬铅及搪铅工程

(1) 设备衬铅是按安装在滚动器上施工考虑的，若设备安装后进行挂衬铅板施工时，其人工乘以系数 1.39，材料、机械不变。

(2) 估价表衬铅铅板厚度按 3mm 考虑，若铅板厚度大于 3mm 时，人工乘系数 1.29，材料、机械另行计算。

衬铅及搪铅工程.mp3

8. 绝热工程

(1) 依据规范要求，保温厚度大于 100mm、保冷厚度大于 75mm 时应分层安装，工程量应分层计算，采用相应厚度项目。

(2) 保护层镀锌铁皮厚度是按 0.8mm 以下综合考虑的，若采用厚度大于 0.8mm 时，其人工乘以系数 1.2。

(3) 设备和管道绝热均按现场安装后绝热施工考虑，若先绝热后安装时，其人工乘以系数 0.9。

(4) 采用不锈钢薄板保护层安装时，其人工乘以系数 1.25，钻头消耗量乘以系数 2.0，机械台班乘以系数 1.15。

(5) 工程量计算

① 设备筒体或管道绝热、防潮和保护层计算公式

$$V = \pi \times (D + 1.033\delta) \times 1.033\delta \tag{8-7}$$

$$S = \pi \times (D + 2.1\delta + 0.0082) \times L \tag{8-8}$$

式中：D——直径；

　　　1.033、2.1——调整系数；

　　　δ——绝热层厚度；

　　　L——设备筒体或管道长；

　　　0.0082——捆扎线直径或钢带厚。

② 伴热管道绝热工程量计算式

a. 单管伴热或双管伴热(管径相同，夹角小于 90° 时)

$$D' = D_1 + D_2 + (10 \sim 20mm) \tag{8-9}$$

式中：D'——伴热管道综合值；

　　　D_1——主管道直径；

　　　D_2——伴热管道直径；

　　　(10～20mm)——主管道与伴热管道之间的间隙。

b. 双管伴热(管径相同，夹角大于 90° 时)

$$D' = D_1 + 1.5_2 + (10 \sim 20mm) \tag{8-10}$$

③ 设备封头绝热、防潮和保护层工程量计算式

$$V = [(D + 1.033\delta) \div 2]2 \times \pi \times 1.033\delta \times 1.5 \times N \tag{8-11}$$

$$S = [(D + 2.1\delta) \div 2]2 \times \pi \times 1.5 \times N \tag{8-12}$$

④ 阀门绝热、防潮和保护层计算公式

$$V = \pi \times (D + 1.033\delta) \times 2.5D \times 1.033\delta \times 1.05 \times N \tag{8-13}$$

$$S = \pi \times (D + 2.1\delta) \times 2.5D \times 1.05 \times N \tag{8-14}$$

⑤ 法兰绝热、防潮和保护层计算公式

$$V = \pi \times (D + 1.033\delta) \times 1.5D \times 1.033\delta \times 1.05 \times N \tag{8-15}$$

$$S = \pi \times (D + 2.1\delta) \times 1.5D \times 1.05 \times N \tag{8-16}$$

⑥ 弯头绝热、防潮和保护层计算公式

$$V = \pi \times (D + 1.033\delta) \times 1.5D \times 2\pi \times 1.033\delta \times N / B \tag{8-17}$$

$$S = \pi \times (D + 2.1\delta) \times 1.5D \times 2\pi \times N / B \qquad (8\text{-}18)$$

⑦ 拱顶罐封头绝热、防潮和保护层计算公式

$$V = 2\pi r \times (h + 1.033\delta) \times 1.033\delta \qquad (8\text{-}19)$$

$$S = 2\pi r \times (h + 2.1\delta) \qquad (8\text{-}20)$$

8.2 刷油、防腐蚀、绝热工程工程量清单计价

本节所摘录的工程量清单计价表详见二维码。

1. 刷油工程

刷油工程工程量清单项目设置、项目特征描述的内容、计量单位及工程量计算规则，应按二维码中表 8-1 的规定执行。

2. 防腐蚀涂料工程

防腐蚀涂料工程工程量清单项目设置、项目特征描述的内容、计量单位及工程量计算规则，应按二维码中表 8-2 的规定执行。

3. 手工糊衬玻璃钢工程

手工糊衬玻璃钢工程工程量清单项目设置、项目特征描述的内容、计量单位及工程量计算规则，应按二维码中表 8-3 的规定执行。

4. 橡胶板及塑料板衬里工程

橡胶板及塑料板衬里工程工程量清单项目设置、项目特征描述的内容、计量单位及工程量计算规则，应按二维码中表 8-4 的规定执行。

5. 衬铅及搪铅工程

衬铅及搪铅工程工程量清单项目设置、项目特征描述的内容、计量单位及工程量计算规则，应按二维码中表 8-5 的规定执行。

6. 喷镀(涂)工程

喷镀(涂)工程工程量清单项目设置、项目特征描述的内容、计量单位及工程量计算规则，应按二维码中表 8-6 的规定执行。

喷漆.avi

7. 耐酸砖、板衬里工程

耐酸砖、板衬里工程工程量清单项目设置、项目特征描述的内容、计量单位及工程量计算规则，应按二维码中表 8-7 的规定执行。

8. 绝热工程

绝热工程工程量清单项目设置、项目特征描述的内容、计量单位及工程量计算规则，应按二维码中表 8-8 的规定执行。

9. 管道补口补伤工程

管道补口补伤工程工程量清单项目设置、项目特征描述的内容、计量单位及工程量计

算规则，应按二维码中表 8-9 的规定执行。

10. 阴极保护及牺牲阳极

阴极保护及牺牲阳极工程量清单项目设置、项目特征描述的内容、计量单位及工程量计算规则，应按二维码中表 8-10 的规定执行。

8.3　刷油、防腐蚀、绝热工程计算案例

【实训 1】　如图 8-7 所示，某一管道长为 5m，外径为 50mm，试求其管道刷防锈漆一遍的定额计价。

刷油面积：

$0.050 \times \pi \times 5 = 0.25\pi(\mathrm{m}^2)$

套用河南省通用安装工程预算定额 12-2-3 得：

$0.25 \times 40.67 \div 10 = 1.017(元)$

【实训 2】　如图 8-8 所示，设备白布面刷漆长为 0.8m，宽为 0.4m，试求其刷调和漆两遍的工程量和定额计价。

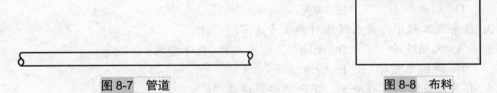

图 8-7　管道　　　　　　　　　　　图 8-8　布料

刷油面积：

$0.8 \times 0.4 \times 2 = 0.32(\mathrm{m}^2)$

套用河南省通用安装工程预算定额 12-2-148 和 12-2-149 得：

$0.32 \times 95.42 + 0.32 \times 84.07 \div 10 = 5.744(元)$

本 章 小 结

通过学习本章，学生们可以掌握刷油、防腐蚀、绝热工程工程量计算规则以及工程量清单的编制，并且可以运用本章的知识来进行相关的案例解析。为以后的学习和工作打下坚实的基础。

实 训 练 习

一、单选题

1. 保护层镀锌铁皮厚度是按 0.8mm 以下综合考虑的，若采用厚度大于 0.8mm 时，其人工乘以系数(　　)。

     A. 1.2　　　　　　B. 1.3　　　　　　C. 0.8　　　　　　D. 1.25

2. 采用勾缝方法施工时，勾缝材料按相应项目树脂胶泥用量的(　　)计算。

     A. 11%　　　　　B. 12%　　　　　C. 8%　　　　　D. 10%

3. 采用不锈钢薄板保护层安装时，其人工乘系数 1.25，计价材料乘系数(　　)。

     A. 1.5　　　　　　B. 1.2　　　　　　C. 1.3　　　　　　D. 1.1

4. 室内明装给水钢管除锈、刷油工程中，通常为(　　)。

     A. 沥青漆 2 遍　　　　　　　　　B. 底漆 1 遍，其他漆 2 遍

     C. 油漆 1 遍　　　　　　　　　　D. 底漆 1 遍，其他漆 1 遍

5. 绝热工程中，保温层以(　　)为计量单位。

     A. m^3　　　　　B. $10m^3$　　　　　C. $10m^2$　　　　　D. $100m^2$

二、多选题

1. 管道的保温结构一般有(　　)。

     A. 防锈层　　　　B. 保温层　　　　C. 保护层

     D. 防腐蚀层　　　E. 隔热层

2. 管道支架的工程量清单报价中，综合单价应含有(　　)等内容。

     A. 制作　　　　　B. 安装　　　　　C. 除锈

     D. 刷油　　　　　E. 购买

3. 在安装工程中，聚乙烯涂料施工方法有(　　)。

     A. 火焰喷涂　　　B. 浸涂　　　　　C. 电泳涂装

     D. 沸腾床喷涂　　E. 静电喷涂

4. 有关设备绝热工程施工，下列哪些说法正确(　　)。

     A. 绝热材料及其制品，必须具有产品质量检验报告和出厂合格证，其规格、性能等技术指标应符合相关技术标准及设计文件的规定

     B. 用于绝热结构的固定件和支承件的材质和品种必须与设备及管道的材质相匹配

     C. 当保冷结构采用钩钉或销钉时，不得穿透保冷层，其长度应小于保冷层厚度 10mm，且最小不得小于 20mm

     D. 直接焊不锈钢设备上的固定件，必须采用不锈钢制作。当固定件采用碳钢制作时，不需要加焊不锈钢垫板

     E. 绝热材料及其制品，不需要具有产品质量检验报告和出厂合格证，其规格、性能等技术指标应符合相关技术标准及设计文件的规定

5. 关于阀门、法兰绝热下列说法正确的是(　　)。

     A. 管道绝热除橡塑保温管项目外均未包括阀门、法兰绝热工程量

     B. 阀门、法兰绝热已列定额项目的(散状纤维类及硅酸盐涂抹料)按相应定额项目计算

     C. 阀门、法兰用其他材料绝热时，按相应管道绝热定额项目计算

     D. 与法兰、阀门配套的法兰绝热工程量已含在阀门绝热工程量中，不再单独计算

     E. 管道绝热除橡塑保温管项目外，均包括阀门、法兰绝热工程量

三、简答题

1. 简述刷油工程的工程量计算规则。
2. 简述防腐工程的工程量计算规则。
3. 简述绝热工程的工程量计算规则。

第 8 章习题答案.pdf

实训工作单一

班级		姓名		日期	
教学项目		刷油、防腐、绝热工程			
任务	刷油、防腐、绝热工程工程量计算		要求	计算一套安装图纸的刷油、防腐、绝热工程工程量	
相关知识			刷油、防腐、绝热工程知识		
其他要求					
刷油、防腐、绝热工程工程量计算记录					
评语				指导老师	

实训工作单二

班级		姓名		日期	
教学项目		刷油、防腐、绝热工程			
任务	刷油、防腐、绝热工程工程量清单		要求	编制一套安装图纸的刷油、防腐、绝热工程工程量清单表	
相关知识			刷油、防腐、绝热工程知识		
其他要求					
刷油、防腐、绝热工程工程量清单表编制记录					
评语				指导老师	

建筑智能化工程.pptx

建筑智能化
工程教案.pdf

第 9 章　建筑智能化工程

09

【学习目标】

- 了解建筑智能化工程定义。
- 了解建筑智能化安装应注意事项。
- 理解建筑智能化工程调试及试运行基本知识。
- 掌握建筑智能化工程的计量与计价。

【教学要求】

本章要点	掌握层次	相关知识点
建筑智能化工程安装	1. 了解建筑智能化工程的基本组成 2. 了解建筑智能化工程安装的基础知识	建筑智能化工程安装
建筑智能化工程安装时应注意的事项	掌握建筑智能化工程系统安装注意事项	安装施工
建筑智能化工程调试及试运行	理解建筑智能化工程试运转及调试	建筑智能化工程检测调试及试运行
建筑智能化工程安装工程工程量清单计量	掌握建筑智能化工程中各部件的安装计量方法	建筑智能化工程工程量清单计量
建筑智能化工程工程量清单计价	1. 了解建筑智能化工程工程量清单计价的基本组成及工作内容 2. 掌握清单中计算规则	建筑智能化工程工程计价

【项目案例导入】

　　某购物广场地上 3 层、地下 1 层，建筑高度为 23m，是由产权式店铺为主的商场和超市、电影院组成的大型商业综合体。本建筑为一级保护对象，设有消火栓系统、自动喷水灭火系统、机械防排烟系统、控制中心火灾自动报警系统等。建筑的火灾自动报警系统主要由火灾探测器、手动报警按钮、火灾报警控制器、消防联动控制器、消防广播、警报装置、消防电话等组成。消防控制室内设有火灾报警控制器、消防联动控制器、消防控制室图形显示装置、消防应急广播设备、消防专用电话设备等。火灾探测器采用了点型感烟火灾探测器、点型感温火灾探测器、线型光束感烟火灾探测器。点型感烟火灾探测器主要设置在商场、办公室、机房、设备用房等独立房间内和走道；点型感温火灾探测器主要设置在汽车库、厨房等处；线型光束感烟火灾探测器设置在中庭。

【项目问题导入】

　　1. 点型火灾探测器至墙壁、梁边的水平距离不应小于多少米？
　　2. 点型火灾探测器至空调送风口最近边的水平距离不应小于多少米？
　　3. 结合上下文简述火灾自动报警系统工程质量验收检验项目划分、判定合格标准以及复验要求。

9.1　建筑智能化的基础知识

9.1.1　建筑智能化的发展历史

　　智能建筑起源于 20 世纪 80 年代初期的美国，智能建筑是建筑史上一个重要的里程碑。1984 年 1 月美国康涅狄格州的哈特福特市(Hartford)建立起世界第一幢智能大厦，大厦配有语言通信、文字处理、电子邮件、市场行情信息、科学计算和情报资料检索等服务，实现自动化综合管理，大楼内的空调、电梯、供水、防盗、防火及供配电系统等都通过计算机系统进行有效的控制。美国诞生智能建筑之后，日本派出专家到美国详尽考察，并且制定了智能设备、智能家庭到智能建筑、智能城市的发展计划，成立了"建设省国家智能建筑专家委员会"和"日本智能建筑研究会"。1985 年 8 月在东京青山建成了日本第一座智能大厦"本田青山大厦"。

　　西欧发展智能建筑基本与日本同步。1986—1989 年间，伦敦的中心商务区进行了二战之后最大规模的改造。英国是大西洋两岸的交汇点，因此大批金融企业特别是保险业纷纷在伦敦设立机构，带动了智能化办公楼的需求。

　　法、德等国相继在 20 世纪 80 年代末和 20 世纪 90 年代初建成各有特色的智能建筑。

　　智能化办公楼工作效率的提高，使当时处于经济衰退中的西欧的失业状况更加严重，进而导致对智能楼宇需求的下降。到 1992 年，伦敦就有 110 万平方米的办公楼空置。

　　20 世纪 80 年代到 20 世纪 90 年代，亚太地区经济的活跃，使新加坡、中国台北、中国香港、汉城、雅加达、吉隆坡和曼谷等大城市里，陆续建起一批高标准的智能化大楼。

泰国的智能化大楼普及率领先世界，20 世纪 80 年代泰国新建的大楼 60%为智能化大楼。

印度于 1995 年下半年起在加尔各答附近的盐湖建立一个方圆 40acre(英亩)(1acre=4.049m^2)的亚洲第一智能城。

9.1.2　建筑智能化的定义

在中国国家标准《智能建筑设计标准》(GB/T50314—2000)中的定义如下："它是以建筑为平台，兼备建筑设备、办公自动化及通信网络系统，集结构、系统、服务、管理及它们之间的最优化组合，向人们提供一个安全、高效、舒适、便利的建筑环境。"由此可见，提供安全、高效、舒适、便利的建筑环境的建筑才能称之为智能建筑。

建筑智能化的定义.mp3

但此定义还忽视了一点，"节能环保"。为达到上述目的做成的耗能建筑也不能称其为智能建筑。由于该标准忽视了节能环保方面的问题，其代表能耗的供电标准"甲级标准(办公室)宜按 60V·A/m^2 以上考虑"；"乙级标准(办公室)宜按 45V·A/m^2 以上考虑"；"丙级标准(办公室)宜按 30V·A/m^2 以上考虑"，暂且不说智能建筑标准分级的合理性，智能建筑的标准越高耗能越多，显然是不科学、不经济的。当然标准越高，系统越多，但这些系统俗称弱电系统，耗电很小，利用这些系统去合理控制楼宇设备是可以达到节能目的。

9.1.3　建筑智能化工程主要内容

建筑智能化工程又称弱电系统工程，主要指通信自动化(CA)，楼宇自动化(BA)，办公自动化(OA)，消防自动化(FA)和保安自动化(SA)，简称 5A。

1. 消防报警系统

作为一座高档的综合性建筑，按照消防局的管理规范，一套先进的消防报警系统必不可少。通过烟温感探测器对各种火情做出分析报警，通知主机做出联动反应。控制主机示意图如图 9-1 所示。

火灾自动报警系统.mp3

图 9-1　控制主机示意图

报警设备~1.avi

控制主机.avi

触发器.avi

火灾自动报警系统是由触发器件、火灾警报装置以及具有其他辅助功能的装置组成的火灾报警系统。它能够在火灾初期，将燃烧产生的烟雾、热量和光辐射等物理量，通过感温、感烟和感光等火灾探测器变成电信号，传输到火灾报警控制器，并同时显示出火灾发生的部位，记录火灾发生的时间。一般火灾自动报警系统和自动喷水灭火系统、室内消火栓系统、防排烟系统、通风系统、空调系统、防火门、防火卷帘、挡烟垂壁等相关设备联动，自动或手动发出指令、启动相应的装置。

1) 触发器

在火灾自动报警系统中，自动或手动产生火灾报警信号的器件称为触发件，主要包括火灾探测器和手动火灾报警按钮。火灾探测器是能对火灾参数(如烟、温度、火焰辐射、气体浓度等)响应，并自动产生火灾报警信号的器件。按响应火灾参数的不同，火灾探测器分成感温火灾探测器、感烟火灾探测器、感光火灾探测器、可燃气体探测器和复合火灾探测器五种基本类型。不同类型的火灾探测器适用于不同类型的火灾和不同的场所。手动火灾报警按钮是手动方式产生火灾报警信号、启动火灾自动报警系统的器件，也是火灾自动报警系统中不可缺少的组成部分之一。触发器示意图如图 9-2 所示。

图 9-2　触发器示意图

2) 探测器

在火灾自动报警系统中，用以接收、显示和传递火灾报警信号，并能发出控制信号和具有其他辅助功能的控制指示设备称为火灾报警装置。

火灾报警控制器就是探测器中最基本的一种。火灾报警控制器担负着为火灾探测器提供稳定的工作电源；监视探测器及系统自身的工作状态；接收、转换、处理火灾探测器输出的报警信号；进行声光报警；指示报警的具体部位及时间；同时执行相应辅助控制等诸多任务，是火灾报警系统中的核心组成部分。探测器类型如图 9-3 所示。

探测器.mp3

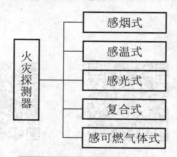

图 9-3　探测器类型示意图

3) 警报装置

在火灾自动报警系统中，用以发出区别于环境声、光的火灾警报信号的装置称为火灾警报装置。它以声、光音响方式向报警区域发出火灾警报信号，以警示人们采取安全疏散、灭火救灾措施。警报装置如图 9-4 所示。

警报装置.mp3

图 9-4　警报装置示意图

闭路监控系统.mp4

2. 闭路监控系统

为了加强对建筑物周围环境及内部的管理，保障入住客户的人身财产安全，使入住的客户有一个满意的生活、居住、工作的空间，闭路监控系统显得尤为重要。闭路监控系统还可以与停车场管理系统联合使用，对进出的车辆进行强化管理。防止一些不必要的麻烦、纠纷，从而提高大厦在本行业内的知名度，招揽更多的客户入住。

闭路电视监控系统是一个跨行业的综合性保安系统，该系统运用了世界上最先进的传感技术、监控摄像技术、通信技术和计算机技术，组成一个多功能全方位监控的高智能化的处理系统。闭路电

闭路监控系统.mp3

视监控系统因其能给人最直接的视觉、听觉感受，以及对被监控对象的可视性、实时性及客观性的记录，因而已成为当前安全防范领域的主要手段，被广泛推广应用。

闭路监控的特点是提供远近距离的监视和控制。根据国家有关技术规范，系统应设置安防摄像机，电视监视器、录像机(或硬盘录像机)和画面处理器等，使用户能随时调看任意一个画面，遥控操作任一台摄像机等。

闭路监控系统一般由三部分组成：前端设备、传输部分、后端设备(包括控制设备和显示设备)。

一个完整的闭路电视监控系统主要由前端音视频数据采集设备、传送介质、终端监看监听设备和控制设备组成。通过在监控区域内安装固定摄像机或全方位摄像机，对监控区域进行实时监控。通过传输线路将摄像机所收集到的信号传至图像分配器或放大器，然后再传入监视器，实现对监控区域的全面监视。闭路监控系统如图 9-5 所示。

前端设备：是指系统前端采集音视频信息的设备。操作者通过前端设备获取必要的声音、图像及报警等需要被监视的信息。系统前端设备主要包括摄像机、镜头、云台、解码控制器和报警探测器等。

传送介质：是将前端设备采集到的信息传送到控制设备及终端设备的传输通道。主要包括视频线、电源线和信号线，一般来说，视频信号采用同轴视频电缆传输，也可用光纤、微波、双绞线等介质传输。

控制设备：是整个系统的最重要的部分，它起着协调整个系统运作的作用。人们正是通过控制设备来获取所需的监控功能。满足不同监控目的的需要。控制设备主要包括音、视频矩阵切换控制器、控制键盘、报警控制器和操作控制台。

终端设备：是系统对所获取的声音、图像、报警等信息进行综合后，以各种方式予以显示的设备。系统正是通过终端设备的显示来提供给人最直接的视觉、听觉感受，以及被监控对象提供的可视性、实时性及客观性的记录。系统终端设备主要包括监视器、录像机等。

闭路电视监控系统是应用光纤、同轴电缆、微波在其闭合的环路内传输电视信号，并从摄像到图像显示构成独立完整的电视系统。它能实时、形象、真实地反映被监控对象，不但极大地延长了人眼的观察距离，而且扩大了人眼的机能，它可以在恶劣的环境下代替人工进行长时间监视，让人能够看到被监视现场的实际发生的一切情况，并通过录像记录下来。

图 9-5　闭路监控系统示意图

【案例 9-1】　监控系统中 10 个 720P 的网络摄像头，采用 16 路的 NVR 进行存储，存储码流设置在 2Mbps,单路每小时约需要 0.9GB 的存储空间，假设硬盘利用率为 0.9,请问录像存储时间为 30 天需要配置几块 3TB 硬盘？

3. 停车场管理系统

停车场管理系统分为入口管制部分，出口管制部分，中央控制部分。停车场系统根据需要还可以与其他系统进行集成。建议在地下停车电梯的前室设有门禁系统，只有合法的用户才可以通过电梯进到各楼层，这样可以防止一些未授权的用户非法通过地下进入各楼层。

4. 楼宇自控系统

楼宇自动化系统(BAS)对整个建筑的所有公用机电设备，包括建筑的中央空调系统、给排水系统、供配电系统、照明系统、电梯系统，进行集中监测和遥控来提高建筑的管理水平，降低设备故障率，减少维护及运营成本。楼宇自动化系统也叫建筑设备自动化系统(Building Automation System，BAS)，是智能建筑不可缺少的一部分，其任务是对建筑物内的能源使用、环境、交通及安全设施进行监测、控制等，以提供一个既安全可靠，又节约能源，而且舒适宜人的工作或居住环境。楼宇自控系统简图如图9-6所示。

云办公系统　　视频会议　　智能停车场　　能效管理系统　　楼宇一卡通系统　　安防系统

图 9-6　楼宇自控系统简图

建筑设备自动化系统通常包括暖通空调、给排水、供配电、照明、电梯、消防、安全防范等子系统。根据中国行业标准，BAS 又可分为设备运行管理与监控子系统和消防与安全防范子系统。一般情况下，这两个子系统宜一同纳入 BAS 考虑，如将消防与安全防范子系统独立设置，也应与 BAS 监控中心建立通信联系以便灾情发生时，能够按照约定实现操作权转移，进行一体化的协调控制。

建筑设备自动化系统的基本功能可以归纳如下：

(1) 自动监视并控制各种机电设备的起、停，显示或打印当前运转状态；

(2) 自动检测、显示、打印各种机电设备的运行参数及其变化趋势或历史数据；

(3) 根据外界条件、环境因素、负载变化情况自动调节各种设备，使之始终运行于最佳状态；

(4) 监测并及时处理各种意外、突发事件；

(5) 实现对大楼内各种机电设备的统一管理、协调控制；

(6) 水、电、气等的计量收费、实现能源管理自动化；

(7) 包括设备档案、设备运行报表和设备维修管理等。

楼控系统采用的是基于现代控制理论的集散型计算机控制系统，也称分布式控制系统(Distributed Control System，DCS)。它的特征是"集中管理分散控制"，即用分布在现场被控设备处的微型计算机控制装置(DDC)完成被控设备的实时检测和控制任务，克服了计算机集中控制带来的危险性高度集中的不足和常规仪表控制功能单一的局限性。安装于中央控制室的中央管理计算机具有 CRT 显示、打印输出、丰富的软件管理和很强的数字通信功能，能完成集中操作、显示、报警、打印与优化控制等任务，避免了常规仪表控制分散后人机联系困难、无法统一管理的缺点，保证设备在最佳状态下运行。楼宇自控系统详图如图 9-7 所示。

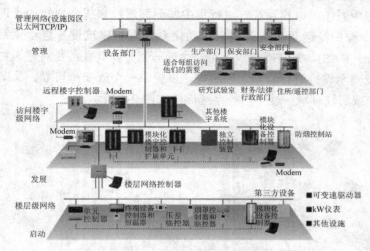

图 9-7　楼宇自控系统详图

5. 背景音乐及紧急广播系统

平时用作背景音乐，火灾时用作消防系统的紧急广播。考虑到商场的特殊需求，广播系统建议与消防系统分开设计，按背景音乐的规范进行设计，同时也要考虑到酒店客房的特殊需求。背景音乐及紧急广播系统如图 9-8 所示。

背景音乐及紧急
广播系统.mp3

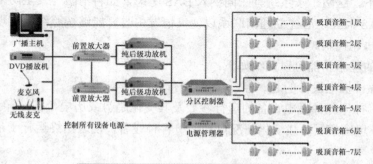

图 9-8　背景音乐及紧急广播系统示意图

背景音乐及紧急
广播系统.avi

6. 综合布线系统

综合布线系统就是为了顺应发展需求而特别设计的一套布线系

综合布线系统.avi

统。对于现代化的大楼来说，就如体内的神经，它采用了一系列高质量的标准材料，以模块化的组合方式，把语音、数据、图像和部分控制信号系统用统一的传输媒介进行综合，经过统一的规划设计，综合在一套标准的布线系统中，将现代建筑的三大子系统有机地连接起来，为现代建筑的系统集成提供了物理介质。可以说，结构化布线系统的成功与否直接关系到现代化的大楼的成败，选择一套高品质的综合布线系统是至关重要的。

综合布线系统是智能化办公室建设数字化信息系统基础设施，是将所有语音、数据等系统进行统一的规划设计的结构化布线系统，为办公提供信息化、智能化的物质介质，支持将来语音、数据、图文、多媒体等综合应用。

随着城市建设及信息通信事业的发展，现代化的商住楼、办公楼、综合楼及园区等各类民用建筑及工业建筑对信息的要求已成为城市建设的发展趋势。在过去设计大楼内的语音及数据业务线路时，常使用各种不同的传输线、配线插座以及连接器件等。

例如：用户电话交换机通常使用对绞电话线，而局域网络(LAN)则可能使用对绞线或同轴电缆，这些不同的设备使用不同的传输线来构成各自的网络；同时，连接这些不同布线的插头、插座及配线架均无法互相兼容，相互之间达不到共用的目的。

现在将所有语音、数据、图像及多媒体业务设备的布线网络组合在一套标准的布线系统上，并且将各种设备终端插头插入标准的插座内已属可能之事。在综合布线系统中，当终端设备的位置需要变动时，只需做一些简单的跳线，这项工作就完成了，而不需要再布放新的电缆以及安装新的插座

智能建筑综合布线系统一般包括建筑群子系统、设备间子系统、垂直系统、水平子系统、管理子系统和工作区子系统 6 个部分，综合布线系统如图 9-9 所示。

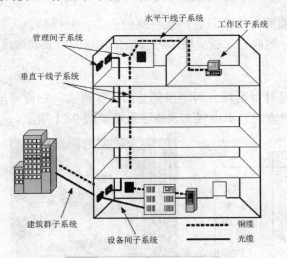

图 9-9　综合布线系统示意图

光纤盒.avi

7. 有线电视及卫星接收系统

对于商场、写字楼来说，有线电视及卫星接收系统必不可少。大部分电视频道通过光纤接入市有线网。根据需要，首府广场可以自己接收卫星信号，还可以自办节目。有线电视及卫星接收系统如图 9-10 所示。

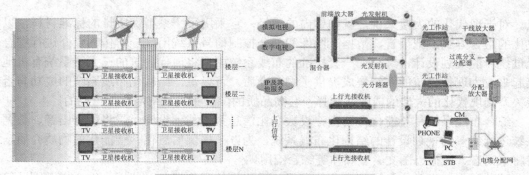

图 9-10　有线电视及卫星接收系统示意图

8. 计算机网络、宽带接入及增值服务

目前智能大厦建设的热点就是宽带接入，这也是智能大厦高档次的标志之一，为住户提供高速、24 小时在线的 Internet 接入服务。为了能够给业主带来更多的经济回报，给住户提供更丰富的内容服务，进一步提高服务水平和首府广场档次，建议在首府广场内开展信息增值服务，包括 VOD 视频点播系统，音乐点播，网站建设等服务。

9. 无线转发系统及无线对讲系统

考虑到地下对手机信号、BP 机信号的屏蔽作用，建议选用此系统。此外，我们还建议选用无线对讲系统，无线对讲系统可以和保安监控系统联合起来配套使用。

10. 音视频系统

一般情况下，某些公司需要通过网络开展一些特殊的业务，如视频会议等。建议业主应考虑音视频系统，由于此部分的内容比较灵活，可以根据装修的效果及进度进行。

11. 水电气三表抄送系统

水电气三表抄送系统主要是针对商场、写字楼部分的特殊需求，物业管理公司是否需要对不同的租户单独计费进行考虑的。水电气三表抄送系统如图 9-11 所示。

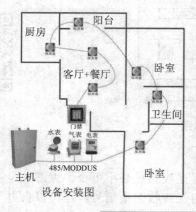

图 9-11　水电气三表抄送系统示意图

12. 物业管理系统

物业管理系统主要目的是对智能大厦进行全方位的计算机智能化管理，用现代化管理手段提升服务质量。对建筑物内人、财、物、信息进行统一管理，量化细化，超越手工管理限制；通过计算机网络，实现信息交流、共享，既是对客户、首府广场员工乃至市场做出反应，以适应变化。

13. 大屏幕显示系统

大屏幕显示系统设置在首层或室外，起到广告宣传的作用。

14. 机房装修工程

机房装修工程主要是对弱电系统的中控室、计算机网络机房、保安监控中心、消防控制中心等处进行装修设计。

9.1.4 建筑智能化工程施工技术

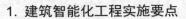

建筑智能化工程的实施一般由工程承包方负责工程施工图纸设计，设备、材料供应和运输，管线施工，设备的安装及检测，系统调试开通及通过有关管理部门的验收，直至交付使用。建筑智能化工程包括：通信网络系统，办公室自动化系统，建筑设备监控系统，火灾报警及消防联动系统，安全防范系统，综合布线系统，智能化集成系统，电源与接地，环境，住宅(小区)智能化系统等十个子分部工程。

建筑智能化工程
施工技术.mp3

1. 建筑智能化工程实施要点

1) 建筑智能化工程实施程序

建筑智能化设备需求调研→智能化方案设计与评审→招标文件的制定→设备供应商与工程承包确定→施工图深化设计→工程的实施与质量控制→工程检测→管理人员培训→工程验收开通→投入运行。

2) 建筑智能化工程施工实施要点

(1) 智能化系统的深化设计应具有开放结构，协议和接口都应标准化和模块化。可从招标文件中了解建筑的基本情况、建筑设备的位置、控制方式和技术要求等资料，然后针对智能化产品进行工程深化设计。

建筑智能化工程
实施程序.mp3

(2) 工程施工前应做好工序交接工作，做好与建筑结构，建筑装饰装修，建筑给水排水，建筑电气，通风与空调和电梯等分部工程的接口确认。例如：在室内墙壁和吊顶上安装消防及保安的各类探测器应与建筑装饰和机电施工协调定位。

3) 建筑智能化工程实施界面的划分。

建筑智能化工程实施界面的确定贯彻于设备选型、系统设计、

建筑智能化工程
施工实施要点.mp3

工程施工、检测验收的全过程。在工程合同中应明确各系统供应商的设备、材料的供应范围、接口软件及其费用，以避免施工过程中出现扯皮现象，影响工程进度。

(1) 设备、材料供应界面的划分。

设备、材料的采购供应中要明确智能化系统设备供应商和被监控的设备供应商之间的界面划分。主要是明确建筑设备监控系统与机电工程的设备、材料、接口和软件的供应范围。例如：空调工程承包商提供的设备有变风量空气处理机，新风机及其控制系统等设备，各种阀门、风门等，电动调节阀、执行器和风门驱动器等(也可由监控系统工程承包商提供)；监控系统工程承包商应提供的设备有温度、流量、压差与压力传感器、压差开关等设备及相应的软件等。

(2) 系统设备接口界面的确定。

建筑设备监控系统与变配电设备、发电机组、冷水机组、热泵机组、锅炉和电梯等大型建筑设备实现接口方式的通信，必须预先约定所遵循的通信协议。当设备控制器对外采用非标准通信协议时，则需要供应商提供数据格式，由建筑设备监控系统承包商进行转换。例如：建筑设备监控系统可以通过 TCP/IP 通信协议或 RS232 接口方式等共享其他系统的部分数据，实现各系统的交互与联动；冷水机组、热泵机组、锅炉设备也可以提供设备的通信接口卡、通信协议和接口软件，以通信方式与建筑设备监控系统相连。

(3) 智能化系统施工界面的协调。

智能化系统施工界面的协调主要是确定建筑设备监控系统涉及的机电设备和各系统之间的设备安装，管槽敷设及穿线和接线，设备调试及相互配合的问题。例如：在智能化工程施工中需要确定控制阀门的安装位置与线路敷设，传感器的开孔与安装，调试过程中相关方投入的人力、设备以及责任，需要在施工前予以明确，以免出现监控工程施工问题时互相推卸责任的情况。

2. 建筑智能化工程施工技术要点

1) 产品选择和质量检验

(1) 建筑智能化系统的产品的选择应根据管理对象的特点、监控的要求及监控点数的分布情况等，确定系统的整体结构，然后进行产品选择。

(2) 建筑智能化产品选择主要考虑的因素：

① 产品的品牌和生产地，应用实践以及供货渠道和供货周期等信息。

② 产品支持的系统模式及监控距离。

③ 产品的网络性能及标准化程度。

(3) 建筑智能化工程中使用的材料，设备、各种接口和软件产品的功能、性能等项目的检测应按相应的现行国家标准进行。供需双方有特殊要求的产品，可按合同规定或设计要求进行。

(4) 设备的质量检测重点应包括安全性、可靠性及电磁兼容性等项目。对不具备现场检测条件的产品，可要求进行工厂检测并出具检测报告。

(5) 进口设备应提供质量合格证明、检测报告及安装、使用、维护说明书等文件资料(中文文本或附中文译文)，还要提供原产地证明和商检证明。

2) 智能化系统设备、元件安装技术要点

(1) 中央监控设备的型号、规格和接口符合设计要求，设备之间的连接电缆接线正确。

(2) 现场控制器应安装在需监控的机电设备附近，一般在弱电竖井内、冷冻机房、高低压配电房等处，便于调试和维修的地方。

(3) 各类探测器的安装，应根据产品的特性及保护警界范围的要求进行安装。各类传感器的安装位置应装在能正确反映其检测性能的位置，并便于调试和维护。

传感器.avi

① 温、湿度传感器安装要点。

温度传感器常用的有风管、水管型温度传感器。温度传感器一般由传感元件和变送器组成，以热电阻或热电偶作为传感元件，通过变送器将其阻值变化信号转换成与温度变化成比例的 $0\sim10V(DC4\sim20mA)$ 电信号。

传感器至现场控制器之间的连接应尽量减少因接线引起的误差，镍温度传感器的接线电阻应小于 3Ω，铂温度传感器的接线电阻值应小于 1Ω。

风管型温、湿度传感器的安装应在风管保温层完成后进行。

水管型温度传感器的安装开孔与焊接工作，必须在管道的压力试验、清洗、防腐和保温前进行，且不宜在管道焊缝及其边缘上开孔与焊接。

水管型温度传感器的感温段大于管道口径的 1/2 时，应安装在管道的侧面或底部。

② 压力、压差传感器和压差开关安装要点。

压力、压差传感器可将流体压力转换为 $0\sim10V(DC，4\sim20mA)$ 电气信号。通常采用的有电容式压差传感器、液体压差传感器，薄膜型液体压力传感器等。

风管型压力、压差传感器和压差开关应在风管保温层完成之后安装。

水管型压力、压差传感器的安装应在管道安装时进行，其开孔与焊接工作必须在管道的压力试验、清洗、防腐和保温前进行。

③ 电磁流量计安装。

电磁流量计应安装在流量调节阀的上游，流量计的上游应有 10 倍管径长度的直管段，下游段应有 4～5 倍管径长度的直管段。

电磁流量计在垂直管道安装时，流体流向自下而上。水平安装时必须使电极在水平方向，以保证测量精度。电磁流量计和管道之间应连接成等电位并可靠接地。

④ 涡轮式流量变送器安装要点。

涡轮式流量变送器应水平安装，流体的流动方向必须与传感器壳体上所示的流向标示一致。例如：变送器没有流向标示时，可如下判断，流体的进口端导流器比较尖，中间有圆孔；流体的出口端导流器不尖，中间没有圆孔。

在可能产生逆流的场合，流量变送器下游应装设止回阀。

流量变送器应装在测压点的上游，距测压点 3.5～5.5 倍管径的距离。

流量变送器上游应有 10 倍管径长度的直管段，下游有 5 倍管径长度的直管段。

⑤ 电量变送器安装。

常用的电量变送器有电压、电流、频率、有功功率、功率因数变送器等。电量变送器均将各自的参数变换为 $0\sim10V(DC，4\sim20mA)$ 电信号输出。

电量变送器安装在被检测设备(高、低开关柜)内或装设在电量变送器柜内，通过电缆接入现场控制器的接口。

⑥ 空气质量传感器及其安装。

空气质量传感器用以检测空气中的烟雾、CO、CO_2、丙烷等多种气体含量，以 0~10V(DC) 输出或以干接点报警器信号输出。空气质量传感器常用的有挂壁式和管道式。

管道式空气质量传感器安装应在风管保温层完成之后进行。检测气体密度小的空气质量传感器应安装在风管或房间的上部，检测气体密度大的空气质量传感器应安装在风管或房间的下部。

(4) 主要控制设备的安装。

监控系统中主要的控制设备是控制管道阀门的电磁阀和电动调节阀，控制风管风阀的电动风门驱动器等。

① 电磁阀安装要点。

电磁阀安装前应按说明书规定检查线圈与阀体间的电阻，宜进行模拟动作试验。电磁阀的口径与管道口径不一致时，应采用异径管件，电磁阀口径一般不应低于管道口径的两个等级。

② 电动调节阀安装要点。

电动调节阀由驱动器和阀体组成，将电信号转换为阀门的开度。电动执行器机构输出方式有直行程、角行程和多转式类型，分别同直线移动的调节阀、旋转的蝶阀、多转的调节阀配合工作。

电动阀的口径与管道口径不一致时，应采用异径管件，同时电动阀口径不应低于管道口径的两个等级。

电动阀门驱动器的行程、压力和最大关紧力(关阀的压力)必须满足设计要求。在安装前宜进行模拟动作和压力试验。

③ 电动风门驱动器安装要点。电动风门驱动器用来调节风门，以达到调节风管的风量和风压。电动风门驱动器的技术参数有输出力矩、驱动速度、角度调整范围、驱动信号类型等。风阀控制器安装后，风阀控制器的开闭指示位应与风阀实际状况一致，宜面向便于观察的位置。风阀控制器安装前应检查线圈和阀体间的电阻、供电电压、输入信号等是否符合要求。宜进行模拟动作检查。

3. 线缆施工技术要点

现场控制器与各类监控点的连接，模拟信号应采用屏蔽线，且在现场控制器侧一点接地。数字信号可采用非屏蔽线，在强干扰环境中或远距离传输时，宜选用光纤。例如：在监控系统中，模拟信号可采用 RVVP-2×0.75 的屏蔽线敷设，且现场控制器侧一点接地；数字信号可采用 BV-2×1.0 的导线，电源采用 RVS-2×1.0 的导线。

线缆施工技术要点.mp3

4. 智能化系统检测技术要点

智能化工程的检测应依据工程合同技术文件、施工图设计、设计变更说明、洽商记录、设备及产品的技术文件进行，依据规范规定的检测项目、检测数量和检测方法，制定系统检测方案并实施检测。

1) 通信接入系统检测

通信接入系统检测包括系统检查测试、初验测试、试运行验收测试。

2) 有线电视系统的检测

有线电视系统正向测试的调制误差率和相位抖动，反向测试的侵入噪声、脉动噪声和反向隔离度的参数指标应满足设计要求

3) 广播系统检测

广播系统的输入输出不平衡度、音频线的敷设、接地形式及安装质量应符合设计要求。

4) 计算机网络系统检测

计算机网络系统的检测包括连通性检测、路由检测、容错功能检测、网络管理功能检测。

5) 建筑设备监控系统检测

智能化工程安装后，系统承包商要对传感器、执行器、控制器及系统功能进行现场测试，传感器可用高精度仪表现场校验，使用现场控制器改变给定值或用信号发生器对执行器进行检测。

6) 火灾自动报警及消防联动系统的检测

火灾自动报警及消防联动系统的检测应按《火灾自动报警系统施工及验收规范》(GB 50166—2007)的规定执行。

7) 安全技术防范系统的检测要点

重点检测防范部位和要害部门的设防情况，有无防范盲区。安全防范设备的运行是否达到设计要求。例如：监控系统的摄像机功能检测，图像质量检测，数字硬盘录像监控检测。安全防范系统的探测器盲区检测，检测防拆报警功能、信号线开路、短路报警功能和电源线被剪功能。

8) 综合布线系统检测综合布线系统的光纤布线应全部检测，对绞线缆布线以不低于10%的比例进行随机抽样检测，抽样点必须包括最远布线点。

9) 智能化系统集成检测系统集成的检测应在各个子系统检测合格，系统集成完成调试并通过 1 个月试运行后进行。系统集成检测应检查系统的接口、通信协议和传输信息等是否达到系统集成要求。

9.2　建筑智能化工程工程量清单计量

1. 计算机及网络系统工程

(1) 台架、插箱、机柜、网络终端设备、输入设备、输出设备、专用外部设备、存储设备安装及软件安装，以"台(套)"为计量单位。

(2) 互联电缆制作、安装，以"条"为计量单位。

(3) 计算机及网络系统联调及试运行，以"系统"为计量单位。

2. 综合布线系统工程

(1) 双绞线缆、光缆、同轴电缆敷设、穿放、明布放，以"m"为计量单位。电缆敷设按单根延长米计算，如一个架上敷设 3 根各长 100m 的电缆，应按 300m 计算，依此类推。电缆附加及预留的长度是电缆敷设长度的组成部分，应计入电缆长度工程量之内。电缆进入建筑物预留 2m，电缆进入沟内或吊架上引上(下)预留 1.5m；电缆中间接头盒、两端预留各 2m。

(2) 制作跳线以"条"，卡接双绞线缆以"对"，跳线架、配线架安装以"条"为计量

单位。

(3) 安装各类信息插座、过线(路)盒、信息插座底盒(接线盒)、光缆终端盒和跳块打接,以"个"为计量单位。

(4) 双绞线缆、光缆测试,以"链路"为计量单位。

(5) 光纤连接,以"芯"(磨制法以"端口")为计量单位。

(6) 布放尾纤,以"条"为计量单位。

(7) 机柜、机架、抗震底座安装,以"台"为计量单位。

(8) 系统调试、试运行,以"系统"为计量单位。

抗震底座.avi

3. 建筑设备自动化系统工程

(1) 基表及控制设备、第三方设备通信接口安装、系统安装、调试,以"个"为计量单位。

(2) 控制网络通信设备安装、控制器安装、流量计安装、调试,以"台"为计量单位。

(3) 建筑设备监控系统中央管理系统安装、调试,以"系统"为计量单位。

(4) 温、湿度传感器、压力传感器、电量变送器和其他传感器及变送器,以"支"为计量单位。

(5) 阀门及电动执行机构安装、调试,以"个"为计量单位。

(6) 系统调试、系统试运行,以"系统"为计量单位。

电视墙.avi

4. 有线电视、卫星接收系统工程

(1) 前端射频设备安装、调试,以"套"为计量单位。

(2) 卫星电视接收设备、光端设备、有线电视系统管理设备安装、调试,以"台"为计量单位。

(3) 干线传输设备、分配网络设备安装、调试,以"个"为计量单位。

(4) 数字电视设备安装、调试,以"台"为计量单位。

5. 音频、视频系统工程

(1) 信号源设备安装,以"只"为计量单位。

(2) 卡座、CD 机、VCD/DVD 机、DJ 搓盘机、MP3 播放机安装,以"台"为计量单位。

(3) 耳机安装,以"副"为计量单位。

(4) 调音台、周边设备、功率放大器、音箱、机柜、电源和会议设备安装,以"台"为计量单位。

(5) 扩声设备级间调试,以"个"为计量单位。

(6) 公共广播、背景音乐系统设备安装,以"台"为计量单位。

(7) 公共广播、背景音乐,分系统调试、系统测量、系统调试、系统试运行,以"系统"为计量单位。

6. 安全防范系统工程

(1) 入侵探测设备安装、调试,以"套"为计量单位。

(2) 报警信号接收机安装、调试,以"系统"为计量单位。

(3) 出入口控制设备安装、调试,以"台"为计量单位。

(4) 巡更设备安装、调试,以"套"为计量单位。

(5) 电视监控设备安装、调试,以"台"为计量单位。

(6) 防护罩安装，以"套"为计量单位。

(7) 摄像机支架安装，以"套"为计量单位。

(8) 安全检查设备安装，以"台"或"套"为计量单位。

(9) 停车场管理设备安装，以"台(套)"为计量单位。

(10) 安全防范分系统调试及系统工程试运行，均以"系统"为计量单位。

7. 智能建筑设备防雷接地

(1) 电涌保护器安装、调试，以"台"为计量单位。

(2) 信号电涌保护器安装、调试，以"个"为计量单位。

(3) 智能检测型 SPD 安装，以"台"为计量单位。

(4) 智能检测 SPD 系统配套设施安装、调试，以"套"为计量单位。

(5) 等电位连接，以"处"为计量单位。

8. 补充定额

(1) 成套电话组线箱安装以"台"计算。

(2) 安装电话出线口、中途箱以"个"、"台"计算。

(3) 电话电缆架空引入装置以"套"计算。

(4) 程控交换机安装、调试以"部"计算。

(5) 电话线、缆按对数，以单根延长米计算。

9.3　建筑智能化工程工程量清单计价(摘录部分)

本节所摘录的工程量清单计价表详见二维码

(1) 综合布线系统工程工程量清单项目设置、项目特征描述的内容、计量单位及工程量计算规则，应按二维码中表 9-1 的规定执行。

(2) 有线电视、卫星接收系统工程工程量清单项目设置、项目特征描述的内容、计量单位及工程量计算规则，应按二维码中表 9-2 的规定执行。

拓展资源.pdf

【案例 9-2】 如图 9-12 所示，共有多少接收器？

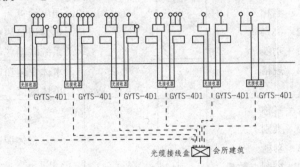

GYTS-4D1　GYTS-4D1　GYTS-4D1　GYTS-4D1　GYTS-4D1　GYTS-4D1

光缆接线盒 ⊠ 会所建筑

图 9-12　电视接收器示意图

控制箱.mp4

(3) 建筑设备自动化系统工程工程量清单项目设置、项目特征描述的内容、计量单位及工程量计算规则，应按表 9-1 的规定执行。

表 9-1　建筑设备自动化系统工程(编码：030503)

项目编码	项目名称	项目特征	计量单位	工程量计算规则	工作内容
030503001	中央管理系统	1．名称 2．类别 3．功能 4．控制点数量	系统(套)	按设计图示数量计算	1．本体组装、连接 2．系统软件安装 3．单体调整 4．系统联调 5．接地
030503002	通信网络控制设备	1．名称 2．类别 3．规格	台(套)		1．本体安装 2．软件安装 3．单体调试 4．联调联试 5．接地
030503003	控制器	1．名称 2．类别 3．功能 4．控制点数量			
030503004	控制箱	1．名称 2．类别 3．功能 4．控制器、控制模块规格、体积 5．控制器、控制模块数量			1．本体安装、标识 2．控制器、控制模块组装 3．单体调试 4．联调联试 5．接地
030503005	第三方通信设备接口	1．名称 2．类别 3．接口点数			1．本体安装、连接 2．接口软件安装调试 3．单体调试 4．联调联试
030503006	传感器	1．名称 2．类别 3．功能	支(台)		1．本体安装和连接 2．通电检查 3．单体调整测试 4．系统联调
030503007	电动调节阀执行机构	4．规格	个		1．本体安装和连线 2．单体测试
030503008	电动、电磁阀门				
030503009	建筑设备自控化系统调试	1．名称 2．类别 3．功能 4．控制点数量	台(户)		整体调试
030503010	建筑设备自控化系统试运行	名称	系统		试运行

9.4　建筑智能化工程案例

【实训1】　消防技术服务机构受东北某造纸企业委托，对其成品仓库设置的干式自动喷水灭火系统进行检测。该仓库地上2层,耐火等级二级,建筑高度15.8m.建筑面积7800m²,纸类成品为堆垛式仓储,堆垛最高为6.3m.仓库除配置干式自动灭火系统外,还设置了室内消火栓系统和火灾自动报警系统等消防设施,厂区内环状消防供水管网(管径DN250)保证室内外消防用水,消防水泵设计扬程为1.0MPa.屋顶消防水箱最低有效水位至仓库地面的高差为20m,水箱的有效水位高度为3m.厂区共有2个相互连通的地下消防水池,总容积为1120m³.干式自动喷水灭火系统设有一台干式报警阀,放置在距离仓库约980m的值班室内(有采暖),喷头型号为ZSTX15-68(℃).检测人员核查相关系统试压及调试记录后,有如下发现:①干式自动喷水灭火系统管网水压强度及严密性试验均采用气压试验代替,且未对管网进行冲洗。②干式报警阀调试记录中,没有发现开启系统试验阀后报警阀启动时间及水流到试验装置出口所需时间的记录值。随后进行现场测试,情况为:在干式自动喷水灭火系统最不利点处开启末端试水装置,干式报警阀加速排气阀随后开启,6.5min后干式报警阀水力警铃开始报警,后又停止(警铃及配件质量、连接管路均正常),末端试水装置出水量不足。人工启动消防泵加压,首层的水流指示器动作后始终不复位。查阅水流指示器产品进场验收记录、系统竣工验收试验记录等,均未发现问题。根据以上材料,回答下列问题。

(1) 指出干式自动喷水灭火系统有关组件选型、配置存在的问题,并说明如何改正。

存在的主要问题如下:

① 喷头型号为ZSTX15-68(℃)不符合要求；改正措施：应采用干式下垂型或直立型喷头,动作温度选用57℃。

② 干式报警阀组放置位置不符合要求；改正措施：应就近安装在仓库附近。

③ 干式报警阀组数量不符合要求；改正措施：应增加一个干式报警阀组。

(2) 分析该仓库消防给水设施存在的主要问题。

存在的主要问题如下:

① 屋顶消防水箱的高度不能满足静水压力的最低要求。

② 厂区设置两个互相连通的地下消防水池,总容积为1120m³。

(3) 检测该仓库内消火栓系统是否符合设计要求时,应配备几支水枪？按照国家标准有关自动喷水灭火系统设置场所火灾危险等级的划分规定,该仓库属于什么级别？自动喷水灭火系统的设计喷水持续时间为多少？

① 该仓库同时使用的消防水枪为4支,应全数检查。

② 仓库的危险级别为Ⅱ级。

③ 2h。

【实训2】　某食品有限公司发生重大火灾事故,造成18人死亡,13人受伤,过火面积约4000m²,直接经济损失4000余万元。经调查,认定该起事故的原因为：保鲜恒温库内的冷风机供电线路接头处过热短路,引燃墙面聚氨酯泡沫保温材料所致。起火的保鲜恒温库为单层砖混结构，吊顶和墙面均采用聚苯乙烯板，在聚苯乙烯板外表面直接喷涂聚氨酯泡沫。毗邻保鲜恒温库搭建的简易生产车间采用单层钢屋架结构，外围护采用聚苯乙烯夹心彩钢板，吊顶为木龙骨和 PVC 板。车间按国家标准配置了灭火器材，但无应急照明和疏散指示标志，部分疏散门采用卷帘门。起火时，南侧的安全出口被锁闭。着火当日，车间流水线南北两侧共有 122 人在进行装箱作业。保鲜库起火后，火势及有毒烟气迅速蔓延至整个车间。由于无人组织灭火和疏散，有 12 名员工在走道尽头的冰池处遇难。逃出车间的员工向领导报告了火情，10min 后才拨打"119"报火警，有 8 名受伤员工在冰池处被救出。经查，该企业消防安全管理制度不健全，单位消防安全管理人员曾接受过消防安全专门培训，但由于单位生产季节性强，员工流动性大，未组织员工进行消防安全培训和疏散演练。

分析本案例回答下列问题：

1. 该单位保鲜恒温库及简易生产车间在(ABCD)方面存在火灾隐患。

    A. 电气线路　　　　B. 防火分隔　　　　C. 耐火等级

    D. 安全疏散　　　　E. 灭火器材

2. 保鲜恒温库及简易生产车间属于消防安全重点部位。根据消防安全重点部位管理的有关规定，应该采取的必备措施有(BCD)。

    A. 设置自动灭火设施

    B. 设置明显的防火标志

    C. 严格管理，定期重点巡查

    D. 制定和完善事故应急处置方案

    E. 采用电气防爆措施

3. 这次火灾事故中，造成人员伤亡的主要因素有(ABDE)。

    A. 当日值班人员事发时未在岗

    B. 建筑构件及墙体内保温采用了易燃有毒材料

    C. 消防安全重点部位不明确

    D. 部分安全出口被锁闭，疏散通道不畅通

    E. 员工未经过消防安全培训和疏散逃生演练

【实训 3】 消防技术服务机构受托对某地区银行办公的综合楼进行消防设施的专项检查，该综合楼火灾自动报警系统采用双电源供电，双电源切换控制箱安装在一层低压配电室，考虑到系统供电的可靠性，在供电回路上设置剩余电流电气火灾探测器，实现电流故障动作保护和过负载保护。火灾报警控制器显示 12 只感烟探测器被屏蔽(洗衣房 2 只，其他楼层 10 只)，1 只防火阀模块故障。对火灾自动报警系统进行测试，过程如下，切断控制器与备用电源之间的连接，控制器无异常显示；恢复控制器与备用电源之间的连接，切断火灾报警控制器的主电源，控制器自动切换到备用电源工作，显示主电故障；测试 8 只感烟探测器，6 只正常报警，2 只不报警，试验过程中控制器出现重启现象，继续试验报警功能，控制器关机；恢复控制器主电源，控制器启动并正常工作；使探测器底座上的总线接线端子短路，控制器上显示该探测器所在回路总线故障；触发满足防排烟系统启动条件的报警信号，消防联动控制器发出了同时启动 5 个排烟阀和 5 个送风阀的控制信号，控制器显示了 3 个排烟阀和 5 个送风阀的开启反馈信号，相对应的排烟机和送风机正常启动并在联动

控制器上显示启动反馈信号。数据中心机房设置了 IG541 气体灭火系统，以组合分配方式设置 A、B、C 三个气体灭火防护区。断开气体灭火控制器与各防护区气体灭火驱动装置的连接线，进行联动控制功能试验，过程如下：按下 A 防护区门外设置的气体灭火手动自动按钮，A 防护区内声光警报器启动。然后按下气体灭火器手动停止按钮，测量气体灭火控制控制器启动输出端电压，一直到 0V。按下 B 防护区内 1 只火灾手动报警按钮，测量气体火灾控制器输出端电压，25s 后电压为 24V。测试 C 防护区，按下气体灭火控制器上的启动按钮。再按下相对应的停止按钮。

测量气体灭火控制器启动输出端电压，25s 后电压为 24V。据了解，消防维保单位进行系统试验过程中不慎碰坏了两端驱动气体管道，维保人员直接更换了损坏的驱动气体管道并填写了维修更换记录。

根据以上材料，回答下列问题：

(1) 根据检查测试情况指出消防供电及火灾报警系统中存在的问题：

① 双电源切换控制箱安装在一层低压配电室；

② 供电回路上设置剩余电流电气火灾探测器，实现电流故障动作保护和过负载保护；

③ 火灾报警控制器显示 12 只感烟探测器被屏蔽(洗衣房 2 只，其他楼层 10 只)，1 只防火阀模块故障；

④ 切断控制器与备用电源之间的连接，控制器无异常显示；

⑤ 测试 8 只感烟探测器，6 只正常报警，2 只不报警，试验过程中控制器出现重启现象，继续试验报警功能，控制器关机；

⑥ 消防联动控制器发出了同时启动 5 个排烟阀和 5 个送风阀的控制信号，控制器显示了 3 个排烟阀和 5 个送风阀的开启反馈信号。

(2) 导致排烟阀未反馈开启信号的原因是什么？

① 排烟阀控制模块出现故障；

② 排烟阀与输入模块之间线路出现故障？

③ 排烟阀出现故障。

(3) 三个气体灭火防护区的气体灭火联动控制功能是否正常？为什么？

① A 防护区正常；

② B 防护区不正常，按下 B 防护区内 1 只火灾手动报警按钮，测量气体火灾控制器输出端电压，25s 后电压为 24V，说明一只手动报警按钮启动，触发气体灭火联动控制功能的可以为两只探测器信号或一个探测器加一只手动报警按钮信号。

③ C 防护区不正常，因为按下相对应的停止按钮，测量气体灭火控制器启动输出端电压，25s 后电压为 24V。说明 25s 后喷气，不符合要求，系统应当停止启动。

【实训 4】　现有一个拍摄地点，本来有两台拍摄机器后因其他原因增加到 4 台，如图 9-13 所示。录像机录制后传输到 TV 上，图中工程量是多少？

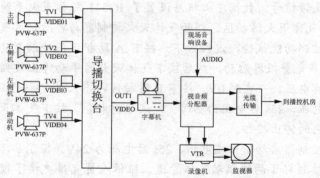

【解】 定额工程量

电视的安装：4 台

摄像机的安装：4 台

字幕机的安装：1 台

现场音响设备的安装：一套

录像机的安装：一台

本 章 小 结

通过本章的学习，学生们主要学习建筑智能化工程的基础知识、建筑智能化的发展、建筑智能化工程主要内容、建筑智能化工程施工技术及试运行技术、建筑智能化工程监测技术，重点掌握建筑智能化工程安装计量方式及计算规则，并能结合上下文分析案例解决问题。

实 训 练 习

一、单选题

1. 综合布线工程常用的线缆有铜缆和(　　)类。

　　A. 同轴线缆　　　　B. 光缆　　　　　　C. 双绞线缆　　　D. 大对数电缆

2. 综合布线系统信道的水平缆线不应超过最长(　　)m。

　　A. 80　　　　　　　B. 90　　　　　　　C. 100　　　　　　D. 120

3. 网络互联设备主要是指(　　)，不仅提供同类网络之间的互相连接，还提供不同网络之间的通信。

　　A. 服务器　　　　　B. 防火墙　　　　　C. 路由器　　　　　D. 交换机

4.(　　)的覆盖范围一般在方圆几十米到几千米。典型代表是一个办公室、一个办公楼、一个园区范围内的网络。

　　A. 局域网　　　　　B. 城域网　　　　　C. 广域网　　　　　D. 互联网

5. 视频监控系统中，在有吊顶的公共走廊设置的摄像机，一般选择(　　)。

A. 枪式摄像机　　　　　　　　B. 红外摄像机

C. 半球形摄像机　　　　　　　D. 球形摄像机

二、多选题

1. 按照拓扑结构划分有(　　)。

A. 总线型结构　　B. 环形结构　　C. 星形结构

D. 树形结构　　　E. 网状结构

2. 视频监控系统是由(　　)组成

A. 摄像　　　　　B. 传输　　　　C. 控制

D. 显示　　　　　E. 记录登记

3. 有线电视系统(CATV)一般由以下三部分组成，分别是(　　)。

A. 信号源系统　　B. 前端系统　　C. 干线传输系统

D. 卫星接收系统　E. 用户分配网络系统

4. 不管哪一种广播音响系统，基本可分为四个部分，分别是(　　)。

A. 节目源设备　　B. 信号放大处理设备

C. 传输线路　　　D. 信号切换设备　E. 扬声器

5. 应急联动系统宜配置下列系统(　　)。

A. 大屏幕显示系统

B. 基于地理信息系统的分析决策支持系统

C. 扩声系统

D. 视频会议系统

E. 信息发布系统

三、简答题

1. 住宅小区一般设置哪些弱电子系统？

2. 简述综合布线系统中信道和永久链路的不同及关系。

3. 防盗报警系统中探测器的选用主要考虑哪些因素？

第 9 章习题答案.pdf

实训工作单

班级		姓名		日期	
教学项目	建筑智能化工程				
任务	学习建筑智能化工程概念和内容	学习资源	课本、课外资料、现场讲解、教师讲解		
学习目标		掌握建筑智能化工程技术包括哪些内容；重点掌握建筑智能化工程清单计量计价；能独立分析案例并解决问题			
其他内容					
学习记录					
评语				指导老师	

某集中训练营食堂改
造项目-电气 - 综合
单价分析.xlsx

某集中训练营食堂改
造项目-电气 - 单位
工程主材表.xlsx

第 10 章   安装工程计量与计价编制实例 10

10.1   建筑安装工程招标控制价编制

10.1.1   某三层办公楼给水工程量计算

【案例情景】 本工程为某三层办公楼水房给水系统，管材均为钢塑复合管。图 10-1 为该工程给水平面图，图 10-2 为该给水工程系统图，根据《通用安装工程工程量计算规范》 (GB 50856—2013)、《河南省通用安装工程定额》(HA 02—31—2016)标准，结合图纸试计算给水系统工程量，并将该工程的给水系统的招标控制价进行编制。

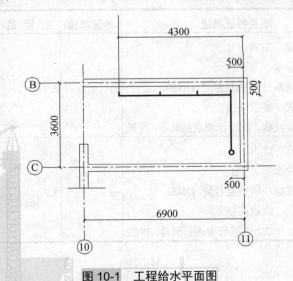

图 10-1   工程给水平面图

图 10-2   给水工程系统图

【解】 1) 清单工程量计算

(1) 给水管包括 DN50、DN32、DN20 分别计算如下：

① DN50 的管段长度

$L_1=1.5+(3.2+1.0)=1.5+4.2=5.7(m)$

② DN32 的管段长度

$L_2=6.4-3.2=3.2(m)$

③ DN20 的管段长度

$L_3=$竖直管段长+每层水平管段长×3 层=$(9.6-6.4)+(3.6-0.3×2+4.3-0.3)×3=3.2+21=24.2(m)$

(2) 成品管件。

① 低压螺纹阀门：DN50　2 个

　　　　　　　　　　DN20　3 个

② 水表：　1 组

③ 90°弯头：DN50　1 个

　　　　　　　DN20　4 个(横支管 1×3+竖向立管×1)

④ 三通：DN50×20　　1 个

　　　　　DN32×20　　1 个　　(注：按主管径计算)

⑤ 大小头：DN50×32　　1 个

　　　　　　DN32×20　　1 个

⑥ 水龙头：4×3=12(个)

(3) 工程量汇总表。

根据《通用安装工程工程量计算规范》(GB 50856—2013)编制分部分项工程量清单，分部分项工程量清单表见表 10-1 所示。

表 10-1　分部分项工程量清单表

序号	项目编码	项目名称	项目特征描述	计量单位	工 程 量
1	031001007001	复合管	1. 安装部位：室内 2. 介质：给水 3. 材质、规格：钢塑复合管 DN50 4. 连接形式：螺纹连接 5. 压力试验及吹、洗设计要求：消毒，冲洗	m	5.7
2	031001007002	复合管	1. 安装部位：室内 2. 介质：给水 3. 材质、规格：钢塑复合管 DN32 4. 连接形式：螺纹连接 5. 压力试验及吹、洗设计要求：消毒，冲洗	m	3.2

续表

序号	项目编码	项目名称	项目特征描述	计量单位	工 程 量
3	031001007002	复合管	1. 安装部位：室内 2. 介质：给水 3. 材质、规格：钢塑复合管 DN20 4. 连接形式：螺纹连接 5. 压力试验及吹、洗设计要求：消毒，冲洗	m	24.2
4	031003001001	螺纹阀门	1. 类型：截止阀 2. 规格、压力等级：DN20 3. 连接形式：螺纹连接	个	3
5	031003001001	螺纹阀门	1. 类型：截止阀 2. 规格、压力等级：DN50 3. 连接形式：螺纹连接	个	2
6	031003013001	水表	1. 名称：水表 2. 型号、规格：DN50 3. 连接形式：螺纹连接	组	1
7	031004014001	给、排水附(配)件	1. 名称：水龙头 2. 型号、规格：DN15	个	12

2) 定额工程量计算

定额工程量计算详见二维码。

根据《河南省通用安装工程定额》(HA 02—31—2016)，定额工程量计算表见表 10-2 所示。

拓展资源 1.pdf

表 10-2　定额工程量计算表

序号	定额编号	项目名称	计量单位	工 程 量
1	10-1-432	给排水管道 室内钢塑复合管(螺纹连接) 公称直径 50mm 以内(包含 90° 弯头、三通、大小头)	10m	0.57
2	10-1-430	给排水管道 室内钢塑复合管(螺纹连接) 公称直径 32mm 以内(包含 90° 弯头、三通、大小头)	10m	0.32
3	10-1-428	给排水管道 室内钢塑复合管(螺纹连接) 公称直径 20mm 以内(包含 90° 弯头、三通、大小头)	10m	2.42

序号	定额编号	项目名称	计量单位	工 程 量
4	10-5-2	螺纹阀门安装 公称直径20mm以内	个	3
5	10-5-6	螺纹阀门安装 公称直径50mm以内	个	2
6	10-5-292	普通水表安装(螺纹连接) 公称直径50mm以内	组	1
7	10-6-81	水龙头安装 公称直径15mm	10个	1.2

10.1.2　某三层办公楼给水工程招标控制价编制

某三层办公楼给水工程招标控制价编制见表 10-3～表 10-21 所示。

表 10-3　某三层办公楼水房给水招标控制价封面

某三层办公楼水房给水工程

招 标 控 制 价

招　标　人：_____
（单位盖章）

造 价 咨 询 人：_____
（单位盖章）

年　　月　　日

表 10-4　某三层办公楼水房给水招标控制价扉页

某三层办公楼水房给水工程

招　标　控　制　价

招标控制价(小写)：　2801.56

　　　　　　　　(大写)：　贰仟捌佰零壹元伍角陆分

招　　标　　人：＿＿＿＿＿＿＿＿＿　　　造价咨询人：＿＿＿＿＿＿＿＿＿
　　　　　　　　　　(单位盖章)　　　　　　　　　　　　(单位资质专用章)

法定代表人　　　　　　　　　　　　　法定代表人

或其授权人：＿＿＿＿＿＿＿＿＿　　　或其授权人：＿＿＿＿＿＿＿＿＿
　　　　　　　　(签字或盖章)　　　　　　　　　　　　　(签字或盖章)

编　　制　　人：＿＿＿＿＿＿＿＿＿　　　复　核　人：＿＿＿＿＿＿＿＿＿
　　　　　　(造价人员签字盖专用章)　　　　　　　(造价工程师签字盖专用章)

编制时间：　　年　月　日　　　　　复核时间：　　年　月　日

表 10-5　工程计价总说明

工程名称：某三层办公楼水房给水工程　　　　　　　　　　第 1 页　共 1 页

总说明

　　本工程为某三层办公楼水房给水系统，管材均为钢塑复合管。图 10-1 为该工程给水平面图，图 10-2 为该给水工程系统图，根据《通用安装工程工程量计算规范》GB 50856—2013、《河南省通用安装工程定额》(HA02—31—2016)标准，结合图纸试计算给水系统工程量，并将该工程的给水系统的招标控制价进行编制。

表 10-6　建设项目招标控制价汇总表

工程名称：某三层办公楼水房给水工程　　　　　　　　　　第 1 页　共 1 页

序号	单项工程名称	金额/元	其中：/元		规费
			暂估价	安全文明施工费	
	合　计				

表 10-7　单项工程招标控制价汇总表

工程名称：某三层办公楼水房给水工程　　　　　　　　第 1 页　共 1 页

序号	单位工程名称	金额/元	其中：/元		
			暂估价	安全文明施工费	规费
	合计				

表 10-8　单位工程招标控制价汇总表

工程名称：某三层办公楼水房给水工程　　　　标段：　　　　　　　　第 1 页　共 1 页

序号	汇总内容	金额/元	其中：暂估价/元
1	分部分项工程	2289.01	
2	措施项目	125.12	
2.1	其中：安全文明施工费	84.39	
2.2	其他措施费(费率类)	40.73	
2.3	单价措施费		
3	其他项目		
3.1	其中：1)暂列金额		
3.2	2)专业工程暂估价		
3.3	3)计日工		
3.4	4)总承包服务费		—
3.5	5)其他		
4	规费	109.8	—
4.1	定额规费	109.8	
4.2	工程排污费		—
4.3	其他		—
5	不含税工程造价合计	2523.93	—
6	增值税	277.63	
7	含税工程造价合计	2801.56	—
招标控制价合计=1+2+3+4+6		2801.56	

表 10-9　分部分项工程和单价措施项目清单与计价表

工程名称：　　　　　　　　　　　标段：　　　　　　　　第 1 页　共 1 页

序号	项目编码	项目名称	项目特征描述	计量单位	工程量	金额/元		
						综合单价	合价	其中暂估价
		整个项目					2289.01	
1	031001007001	复合管	1. 安装部位：室内 2. 介质：给水 3. 材质、规格：钢塑复合管 DN50 4. 连接形式：螺纹连接 5. 压力试验及吹、洗设计要求消毒、冲洗	m	5.7	79.02	450.41	
2	031001007002	复合管	1. 安装部位：室内 2. 介质：给水 3. 材质、规格：钢塑复合管 DN82 4. 连接形式：螺纹连接 5. 压力试验及吹、洗设计要求消毒、冲洗	m	3.2	66.92	214.14	
3	031001007003	复合管	1. 安装部位：室内 2. 介质：给水 3. 材质、规格：钢塑复合管 DN20 4. 连接形式：螺纹连接 5. 压力试验及吹、洗设计要求消毒、冲洗	m	24.2	44.29	1071.82	
4	031003001002	螺纹阀门	1. 类型：截止阀 2. 规格、压力等级：DN20 3. 连接形式：螺纹连接	个	3	24.59	73.77	
5	031003001001	螺纹阀门	1. 类型：截止阀 2. 规格、压力等级：DN50 3. 连接形式：螺纹连接	个	2	81.63	163.26	
6	031003013001	水表	1. 型号、规格 DN50 2. 连接形式：螺纹连接	组	1	243.13	243.13	
7	031004014001	给、排水附(配)件	1. 名称：水龙头 2. 型号、规格：DN15	个	12	6.04	72.48	
		措施项目						
			本页小计				2289.01	
			合计				2289.01	

注：为计取规费等的使用，可在表中增设其中："定额人工费"。

表 10-10　综合单价分析表 1

工程名称：某三层办公楼　　　　　　　　　标段：　　　　　　第 1 页　共 7 页

项目编码	031001007001		项目名称	复合管		计量单位	m	工程量	5.7

清单综合单价组成明细

定额编号	定额项目名称	定额单位	数量	单价				合价			
				人工费	材料费	机械费	管理费和利润	人工费	材料费	机械费	管理费和利润
10-1-432	给排水管道 室内钢塑复合管（螺纹连接）公称直径50mm以内(含弯头、三通、大小头)	10m	0.1	254.43	11.32	11.39	100	25.44	1.13	1.14	10
人工单价		小计						25.44	1.13	1.14	10
高级技工 201 元/工日；普工 87.1 元/工日；一般技工 134 元/工日		未计价材料费						41.31			
清单项目综合单价								79.02			

	主要材料名称、规格、型号	单位	数量	单价/元	合价/元	暂估单价/元	暂估合价/元
材料费明细	聚四氟乙烯生料带 宽 20	m	1.658	0.34	0.56		
	锯条（各种规格）	根	0.0839	0.77	0.06		
	机油	kg	0.0213	12.1	0.26		
	尼龙砂轮片 ϕ400	片	0.0125	8	0.1		
	六角螺栓	kg	0.0005	7.14			
	弹簧压力表 Y-1000~1.6MPa	块	0.0003	65	0.02		
	复合管 DN50	m	1.002	26.54	26.59		
	给水室内钢塑复合管螺纹管件 DN50	个	0.661	22.26	14.71		
	其他材料费			—	0.12	—	
	材料费小计			—	42.42	—	

表 10-11　综合单价分析表2

工程名称：某三层办公楼　　　　　　　　　　　　　　　　　　　　　　第 2 页　共 7 页

项目编码	031001007002		项目名称	复合管	计量单位		m	工程量	3.2
清单综合单价组成明细									

定额编号	定额项目名称	定额单位	数量	单价				合价			
				人工费	材料费	机械费	管理费和利润	人工费	材料费	机械费	管理费和利润
10-1-430	给排水管道室内钢塑复合管(螺纹连接)公称直径32mm以内(含弯头、三通、大小头)	10m	0.1	233.22	10.59	7.94	91.7	23.32	1.06	0.79	9.17
人工单价		小计						23.32	1.06	0.79	9.17
高级技工 201 元/工日；普工87.1 元/日；一般技工 134 元/工日		未计价材料费						32.58			
清单项目综合单价								66.92			

	主要材料名称、规格、型号	单位	数量	单价/元	合价/元	暂估单价/元	暂估合价/元
材料费明细	聚四氟乙烯生料带 宽20	m	1.602	0.34	0.54		
	锯条(各种规格)	根	0.0821	0.77	0.06		
	机油	kg	0.0206	12.1	0.25		
	尼龙砂轮片 $\phi400$	片	0.0117	8	0.09		
	六角螺栓	kg	0.0005	7.14			
	弹簧压力表 Y-1000～1.6MPa	块	0.0002	65	0.01		
	复合管 DN32	m	0.991	20.98	20.79		
	给水室内钢塑复合管螺纹管件 DN32	个	0.983	11.99	11.79		
	其他材料费			—	0.09		
	材料费小计			—	33.62		

表 10-12　综合单价分析表 3

工程名称：某三层办公楼　　　　　　　　　　　　　　　　　　　　　第 3 页　共 7 页

项目编码	031001007003		项目名称	复合管		计量单位	m	工程量	24.2

清单综合单价组成明细

定额编号	定额项目名称	定额单位	数量	单价				合价			
				人工费	材料费	机械费	管理费和利润	人工费	材料费	机械费	管理费和利润
10-1-428	给排水管道 室内钢塑复合管(螺纹连接)公称直径20mm以内(含弯头、三通、大小头)	10m	0.1	178.56	8.2	2.87	69.95	17.86	0.82	0.29	7

人工单价	小计	17.86	0.82	0.29	7
高级技工 201 元/工日；普工 87.1 元/工日；一般技工 134 元/工日	未计价材料费	18.32			
清单项目综合单价		44.29			

	主要材料名称、规格、型号	单位	数量	单价/元	合价/元	暂估单价/元	暂估合价/元
材料费明细	聚四氟乙烯生料带 宽 20	m	1.304	0.34	0.44		
	锯条(各种规格)	根	0.0792	0.77	0.06		
	机油	kg	0.017	12.1	0.21		
	尼龙砂轮片 $\phi400$	片	0.0035	8	0.03		
	六角螺栓	kg	0.0004	7.14			
	弹簧压力表 Y-1000～1.6MPa	块	0.0002	65	0.01		
	复合管 DN20	m	0.991	8.56	8.48		
	给水室内钢塑复合管螺纹管件 DN20	个	1.21	8.13	9.84		
	其他材料费			—	0.07	—	
	材料费小计			—	19.15	—	

表 10-13 综合单价分析表 4

工程名称：某三层办公楼   第 4 页 共 7 页

| 项目编码 | 031003001002 | 项目名称 | 螺纹阀门 | 计量单位 | m | 工程量 | 3 |

清单综合单价组成明细

定额编号	定额项目名称	定额单位	数量	单价				合价			
				人工费	材料费	机械费	管理费和利润	人工费	材料费	机械费	管理费和利润
10-5-2	螺纹阀门安装 公称直径 20mm 以内	个	1	10.09	4.05	0.89	3.94	10.09	4.05	0.89	3.94
人工单价		小计						10.09	4.05	0.89	3.94
高级技工 201 元/工日；普工 87.1 元/工日：一般技工 134 元/工日		未计价材料费						5.62			
清单项目综合单价								24.59			

	主要材料名称、规格、型号	单位	数量	单价/元	合价/元	暂估单价/元	暂估合价/元
材料费明细	聚四氟乙烯生料带 宽 20	m	1.507	0.34	0.51		
	锯条(各种规格)	根	0.061	0.77	0.05		
	机油	kg	0.009	12.1	0.11		
	尼龙砂轮片 ϕ400	片	0.004	8	0.03		
	六角螺栓	kg	0.036	7.14	0.26		
	弹簧压力表 Y-1000～1.6MPa	块	0.006	65	0.39		
	黑玛钢活接头 DN20	个	1.01	1.2	1.21		
	螺纹阀门 DN20	个	1.01	5.56	5.62		
	其他材料费			—	1.49	—	
	材料费小计			—	9.67	—	

表 10-14 综合单价分析表 5

工程名称：某三层办公楼 第 5 页 共 7 页

项目编码	031003001001	项目名称	螺纹阀门	计量单位	个	工程量	2

清单综合单价组成明细

定额编号	定额项目名称	定额单位	数量	单价				合价			
				人工费	材料费	机械费	管理费和利润	人工费	材料费	机械费	管理费和利润
10-5-6	螺纹阀门安装 公称直径 50mm 以内	个	1	27.26	19.4	2.46	10.68	27.26	19.4	2.46	10.68
人工单价		小计						27.26	19.4	2.46	10.68
高级技工 201 元/工日；普工 87.1 元/工日；一般技工 134 元/工日		未计价材料费						21.83			
清单项目综合单价								81.63			

	主要材料名称、规格、型号	单位	数量	单价/元	合价/元	暂估单价/元	暂估合价/元
材料费明细	聚四氟乙烯生料带 宽 20	m	3.768	0.34	1.28		
	锯条(各种规格)	根	0.106	0.77	0.08		
	机油	kg	0.021	12.1	0.25		
	黑玛钢活接头 DN50	个	1.01	5.1	5.15		
	黑玛钢六角内接头 DN50	个	0.808	9.18	7.42		
	尼龙砂轮片 $\phi400$	片	0.021	8	0.17		
	六角螺栓	kg	0.2	7.14	1.43		
	弹簧压力表 Y-1000～1.6MPa	块	0.016	65	1.04		
	螺纹阀门 DN50	个	1.01	21.61	21.83		
	其他材料费			—	2.58	—	
	材料费小计			—	41.23		

表 10-15　综合单价分析表 6

工程名称：某三层办公楼　　　　　　　　　　　　　　　　　　　第 6 页　共 7 页

| 项目编码 | 031003013001 | 项目名称 | 水表 | 计量单位 | 组 | 工程量 | 1 |

清单综合单价组成明细

定额编号	定额项目名称	定额单位	数量	单价				合价			
				人工费	材料费	机械费	管理费和利润	人工费	材料费	机械费	管理费和利润
10-5-292	普通水表安装(螺纹连接)公称直径 50mm以内	个	1	40.36	6.2	0.66	15.81	40.36	6.2	0.66	15.81
人工单价		小计						40.36	6.2	0.66	15.81
高级技工 201 元/工日；普工 87.1 元/工日；一般技工 134 元/工日		未计价材料费						180.1			
清单项目综合单价								243.13			

	主要材料名称、规格、型号			单位	数量	单价/元	合价/元	暂估单价/元	暂估合价/元
材料费明细	黑玛钢管箍 DN50			个	1.01	4	4.04		
	聚四氟乙烯生料带 宽 20			m	3.952	0.34	1.34		
	锯条(各种规格)			根	0.106	0.77	0.08		
	机油			kg	0.029	12.1	0.35		
	螺纹水表			个	1	180.1	180.1		
	其他材料费					—	0.38	—	
	材料费小计					—	186.29		

表 10-16　综合单价分析表 7

工程名称：某三层办公楼　　　　　　　　　　　　　　　　　　　第 7 页　共 7 页

项目编码	031004014001	项目名称	给、排水附(配)件	计量单位	个	工程量	12

<table>
<tr><td colspan="11" align="center">清单综合单价组成明细</td></tr>
<tr><td rowspan="2">定额编号</td><td rowspan="2">定额项目名称</td><td rowspan="2">定额单位</td><td rowspan="2">数量</td><td colspan="4">单价</td><td colspan="4">合价</td></tr>
<tr><td>人工费</td><td>材料费</td><td>机械费</td><td>管理费和利润</td><td>人工费</td><td>材料费</td><td>机械费</td><td>管理费和利润</td></tr>
<tr><td>10-6-81</td><td>水龙头安装　公称直径 15mm 以内</td><td>个</td><td>0.1</td><td>26.23</td><td>1.4</td><td></td><td>10.28</td><td>2.62</td><td>0.14</td><td></td><td>1.03</td></tr>
<tr><td>人工单价</td><td colspan="3">小计</td><td></td><td></td><td></td><td></td><td>2.62</td><td>0.14</td><td></td><td>1.03</td></tr>
<tr><td colspan="4" rowspan="2">高级技工 201 元/工日；普工 87.1 元/工日；一般技工 134 元/工日</td><td colspan="3">未计价材料费</td><td></td><td>2.25</td><td colspan="3"></td></tr>
<tr><td colspan="3"></td><td></td><td></td><td colspan="3"></td></tr>
<tr><td colspan="4" align="center">清单项目综合单价</td><td colspan="3"></td><td>6.04</td><td colspan="3"></td></tr>
</table>

材料费明细	主要材料名称、规格、型号	单位	数量	单价/元	合价/元	暂估单价/元	暂估合价/元
	聚四氟乙烯生料带　宽 20	m	0.4	0.34	0.14		
	水嘴	个	1.01	2.23	2.25		
	其他材料费			—	0	—	
	材料费小计			—	2.39	—	

表 10-17　总价措施项目清单与计价表

工程名称：某三层办公楼水房给水工程　　　　　　　　　　　　　　　　第 1 页　共 1 页

序号	项目编码	项目名称	计算基础	费率/%	金额/元	调整费率/%	调整后金额/元	备注
1		安全文明施工费						
2		夜间施工增加费						
3		二次搬运费						
4		冬雨季施工增加费						
5		已完工程及设备保护费						
合　计								

编制人(造价人员)：　　　　　　　　　　　　　复核人(造价工程师)：

注：1. "计算基础"中安全文明施工费可为"定额基价"、"定额人工费"或"定额人工费＋定额机械费"，其他项目可为"定额人工费"或"定额人工费＋定额机械费"。

2. 按施工方案计算的措施费，若无"计算基础"和"费率"的数值，也可只填"金额"数值，但应在备注栏说明施工方案出处或计算方法。

表 10-18　其他项目清单与计价汇总表

工程名称：某三层办公楼水房给水工程　　　　　　　　　　　　　　　　第 1 页　共 1 页

序号	项目名称	金额/元	结算金额/元	备　注
1	暂列金额			
2	暂估价			
2.1	材料(工程设备)暂估价/结算价	—		
2.2	专业工程暂估价/结算价			
3	计日工			
4	总承包服务费			
5	索赔与现场签证	—		

表 10-19　规费、税金项目计价表

工程名称：某三层办公楼水房给水工程　　　　　　　　　　　　　　　第 1 页 共 1 页

序　号	项目名称	计算基础	计算基数	计算费率/%	金额/元
1	规费	定额规费+工程排污费+其他	109.8		109.8
1.1	定额规费	分部分项规费+单价措施规费	109.8		109.8
1.2	工程排污费				
1.3	其他				
2	增值税	不含税工程造价合计	2523.93	11	277.63
合　计					387.43

编制人(造价人员)：　　　　　　　　　　复核人(造价工程师)：

表 10-20　发包人提供材料和工程设备一览表

工程名称　　　　　　　　　　　　　标段：　　　　　　　　　　　第 1 页共 1 页

序号	材料(工程设备)名	单位	数量	单价/元	交货方式	送达地点	备注

注：此表由招标人填写，供投标人在投标报价、确定总承包服务费时参考。

表 10-21　承包人提供主要材料和工程设备一览表

(适用于造价信息差额调整法)

工程名称：　　　　　　　　　　　　标段：　　　　　　　　　　　第 1 页共 1 页

序号	名称、规格、型号	单位	数量	风险系	基准单	投标单	发承包	备注

注：1. 此表由招标人填写除"投标单价"栏的内容，投标人在投标时自主确定投标单价。

2. 招标人应优先采用工程造价管理机构发布的单价作为基准单价，未发布的，通过市场调查确定其基准单价。

10.2　建筑安装工程投标报价编制

【案例情景】　某集中训练营食堂，为给大家提供方便舒适的就餐环境现需要对食堂进行整改，电气线路将进行整体调整，请结合实际情况，针对投标报价的编制进行梳理投保报价编制的流程和方法，详细设计说明及工程量的计算以及相应的各项清单工程量详见下文。

10.2.1　电气设计说明

1. 设计依据

1.1　国家及地方现行的主要设计规范，规定和标准

《建筑照明设计标准》	GB50034—2013
《供配电设计规范》	GB50052—2009
《低压配电设计规范》	GB50054—2011
《民用建筑电气设计规范》	JGJ 16—2008
《建筑设计防火规范》	GB50016—2014
《建筑物防雷设计规范》	GB 50057—2010
《通用用电设备配电设计规范》	GB50055—2011
《智能建筑设计标准》	GB50314—2015
《综合布线系统工程设计规范》	GB 50311—2007
《有线电视系统工程技术规范》	GB50200—94
《视频安防监控系统工程设计规范》	GB50395—2007
《安全防范工程技术规范》	GB50348—2004
《建筑物电子信息系统防雷技术规范》	GB50343—2012

其他有关国家现行的规范，规定及标准。

1.2　建设单位提供的相关设计资料

建设单位提供的设计任务书及设计要求，相关专业提供的工程设计资料。

1.3　国家及地方编制的标准图集

《利用建筑物金属体做防雷及接地装置安装》	15D503
《等电位联结安装》	15D502
《电缆建设》	D101—1～7
《12 系列工程建设标准设计图集》	12YD

1.4　设计范围

1. 本工程为装修改造项目，不改变建筑结构，仅对其配电部分及综合布线部分进行改造升级，本工程配电设计改造升级按本次设计更新到位，不得采用原有线路、箱体、设备等。

2. 配电及照明系统，节能及环保措施、有线电视系统、接地系统及安全措施。

2. 工程概况

2.1　工程名称：某集中训练营食堂改造项目—电气

2.2 建筑功能：地上两层，建筑功能为厨房、餐厅储藏室等。

2.3 建筑面积 1679.81m^2，建筑高度(一层室外地坪至屋面面层)：8.85m。

建筑耐火等级为二级。

结构类型：框架结构。

3. 配电系统

3.1 负荷分类

本建筑为三级负荷，普通照明、插座、空调等生活用电负荷为三级负荷。

其中普通照明、插座等用电为：Pe=14kW，空调用电为：Pe=45kW，厨房用电为：Pe=160kW。

3.2 供电电源

本工程电源为 380/220V 经宜埋电缆引入电缆埋深-0.7 米进入建筑物后做等电位联结，接地型式 TN-S，保护线(PE)与中性给(N)线在室内应严格分开，室外埋地电缆与建筑物平行敷设时，电缆应埋在建筑物的散水坡外，电缆与散水坡水平间距为 0.5 米。

3.3 供电方式

本工程采用放射式与树干式相结合的供电方式。

3.4 计量

本工程食堂电费采用进线集中计量方式，在总进线箱处设置多功能仪表。

3.5 照明配电

照明、插座均由不同的支路供电；除照明外，所有回路均设漏电断路器保护。

3.6 设备安装高度

设备安装高度见主要电气设备材料表。

3.7 导线选择及敷设

应急照明支线为 WDZN—BYJ—3×2.5mm^2，2—3 根线穿 SC15，4—5 根穿 SC20 沿墙及顶相同暗敷。照明支路为 WDZ—BYJ—3×2.5mm^2，2—3 根线穿 PVC20 沿墙及顶相同暗敷。插座及空调(壁挂式)支路为 WD2—BYJ—3×4mm^2 穿 PVC20 吊顶内敷或沿墙暗敷。

3.8 应急照明

应急照明灯具及疏散指示标志设玻璃或其他不燃烧材料制作的保护罩。

4. 电气节能及环保措施

4.1 照明参照《建筑照明设计标准》GB50034—2013 要求设计。

10-22 主要房间照明的强度标准值

类 别	参考平面及其高度	lx	UGR	Ra
餐厅	地面	200	22	80
厨房		150	—	80
体育活动室		300	35	65
库房		100	—	60
学习室、荣誉室	0.75m 水平面	300	19	80

注：lx：照度标准值；UGR：统一时光值；Ra：显色指标。

4.2 选用高效节能光源：选用具有较高反射比反射罩的高效率灯具，优先选用开启式直接照明灯具、餐厅、学习室等房间照明采用三基色荧光灯，并采用节能型电感镇流器，单灯功率因数不小于 0.9。

4.3 室内电缆干线参考电缆经济载电流进行选择。

4.4 适用绿色、环保且经国家认证的电气产品，在满足国家规范及供电行业标准的前提下，选用高性能设备，高品质电缆、电线以降低自身损耗。

5. 有线电视系统

5.1 电视信号由室外引来，进线处预埋 SC50 钢管架空引入，进线标高室外+3.6m。

5.2 电视终端箱采取明装，底边距地 3.3m。进线电缆选用 SYWV-75-9，支线 SYWV-75-5，沿墙柱暗敷及吊顶内敷设，电视插座暗装，底边距地 2.2m。

5.3 线路干线穿 SC32 管，支线穿 PC20 管暗敷于墙内、现浇板内、柱内、梁内。支线路穿管规格：1 根 PC20；2 根 PC25，超过部分按上述规格另穿管敷设。

6. 接地系统及安全措施

6.1 本工程保护接地采用 TN-S，在线缆总进线处设总等电位接地端子箱，电气设备附近设局部等电位接地端子箱，并与由地梁主筋焊接连通的接地网格相连接；要求接地电阻不大于 4 欧姆，实测不满足要求时，增设人工接地极，将建筑物内保护干线、设备进线金属管(如通风管、给水管、排水管、电缆或电线的穿线管)、建筑物金属构件进行联结；电气设备金属外壳、电缆金属外护层、总等电位联结线采用 BV-1X25mm²SC32，总等电位联结均采用各种型号的等电位卡子，不允许在金属管道上焊接，金属线槽(电缆桥架)及其支架接地连接可靠，其全长应不少于 2 处与接地干线连接，首尾两端必须做等电位联结，金属线槽全长大于 30m 时，每隔 20～30m 增加 1 处与接地点相连接，丰镀锌金属线槽内通长敷设一根 40×4 的镀锌扁钢作为接地干线，镀锌金属线槽间连接板的两端应不少于 2 个有锌扁钢作为接地干线，镀锌金属线槽间连接板的两端应不少于 2 个有防松螺帽的螺栓连接固定；金属桥架和其他管线、设备交叉时，可根据现场实际情况进行合理调整，同一桥架内敷设的消防主备用电缆之间用防火隔板隔开，凡敷设有消防线路的桥架均采用耐火桥架。

6.2 凡正常不接电，而当绝缘破坏有可能呈现电压的一切电气设备金属外壳均应可靠接地。

6.3 所有入户电气、水、暖金属管道及套管均就近与接地极焊接做总等电位连接，做法见 02D501—12。

6.4 过电压保护，在低压电源总配电柜内装第一级电源保护罩，重要设备电源箱处加设二级电流保护器。

6.5 接地装置利用原有接地装置。

7. 其他

1. 施工单位按照工程设计图纸，施工技术标准和国家现行有关规范施工；

2. 施工中如果发现问题应及时和监理、建设、设计单位进行协商解决；

8. 主要电气设备材料表

主要电气设备见表 6-22 所示。

表 6-23　主要电气设备材料表

序　号	图　例	名　　称	型号/规格	数　量	备　注
1		电源进线箱	ST-AL	1	详系统图
2		电源进线箱	ST-AP	1	详系统图
3		照明配电箱	1AL，2AL	2	详系统图
4		动力配电箱	1AP1-3，2AP1-3	6	详系统图
5		空调开关箱	PZ30，参考尺寸：204×200×90 内 BB1G-100/3P 32A	12	明装距地 1.8m
6		电视终端箱	相关部门	1	明装下底边距地 3.3m
7		电视插座	86 系列	10	暗装距地 2.2m
8		嵌入式格栅灯	PAK-B07-314　3×14W	140	吸顶/嵌吊顶
9		嵌入式 LED 面板灯	40W	16	吸顶/嵌吊顶
10		吸顶灯	40W 节能灯	3	吸顶/嵌吊顶
11		安全出口灯 应急时间>90min	PAK-Y01-101E08	3	明装，门上口 0.1 米 梁底吊装
12		疏散指示标志灯 应急时间>90min	PAK-Y01-105E08 PAK-Y01-107E08	12	嵌墙，距地 0.3 米
13		疏散指示标志灯 应急时间>90min	PAK-Y01-108E08	3	嵌墙，距地 0.3 米
14		嵌入式应急灯 应急时间>90min	13W，自带蓄电池	29	壁挂，距地 2.5 米
15		单联单控开关	250V 10A	3	暗装，距地 1.3 米
16		双联单控开关	250V 10A	4	暗装，距地 1.3 米
17		三联单控开关	250V 10A	8	暗装，距地 1.3 米
18		三联单控开关	250V 10A	4	暗装，距 1.3 米
19		安装型五孔插座	250V 10A	31	暗装，距地 0.3 米
20		安全型五孔插座	250V 10A	10	暗装，距地 2.2 米

9. 工程材料价格表

工程材料价格表详见二维码。

10. 单位工程主材表

单位工程主材表详见二维码。

拓展资源 2.pdf　　拓展资源 3.pdf

10.2.2 图纸目录及图纸

1. 图纸目录

图纸目录见表 10-23 所示。

表 10-24　图纸目录

序号	图纸编号	图纸名称
1	图 10-3～图 10-5	竖向系统图
2	图 10-6～图 10-11	配电系统图
3	图 10-12	一层照明平面图
4	图 10-13	二层照明平面图
5	图 10-14	一层配电平面图
6	图 10-15	二层配电平面图

2. 竖向系统图

竖向系统图见图 10-3～图 10-5 所示。

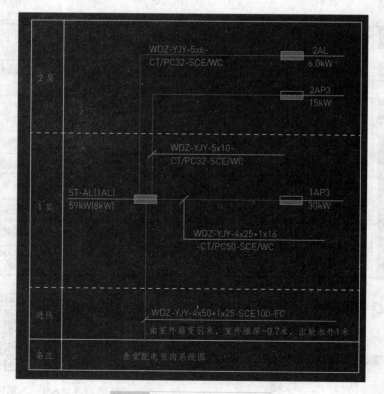

图 10-3　食堂配电竖向系统图

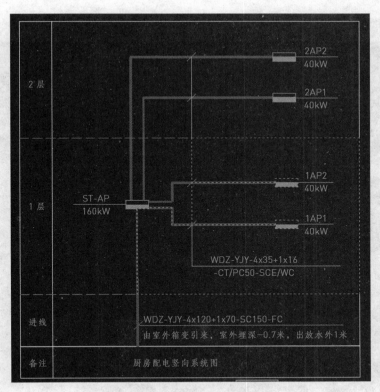

图 10-4　厨房配电竖向系统图

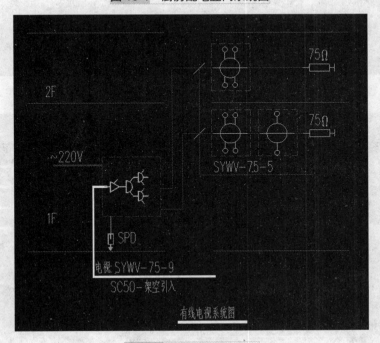

图 10-5　有线电视系统图

3. 配电系统图

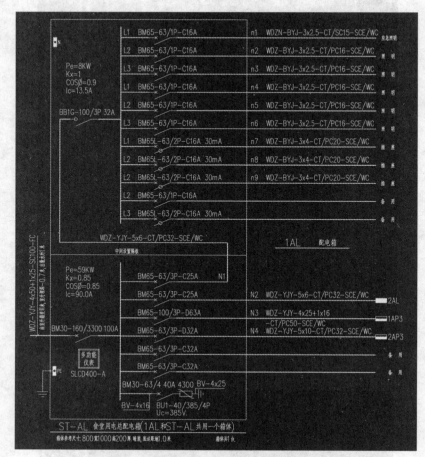

图 10-6　食堂用电总配电箱

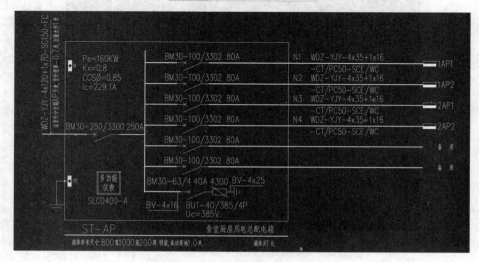

图 10-7　食堂厨房用电总配电箱

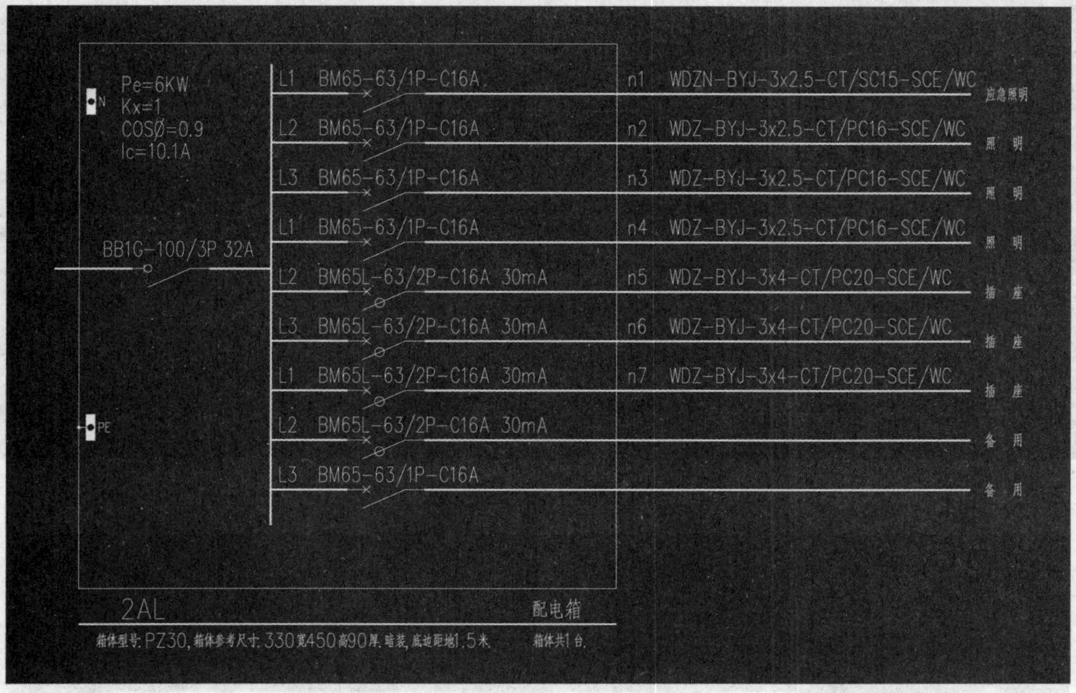

图 10-8　2AL 配电箱

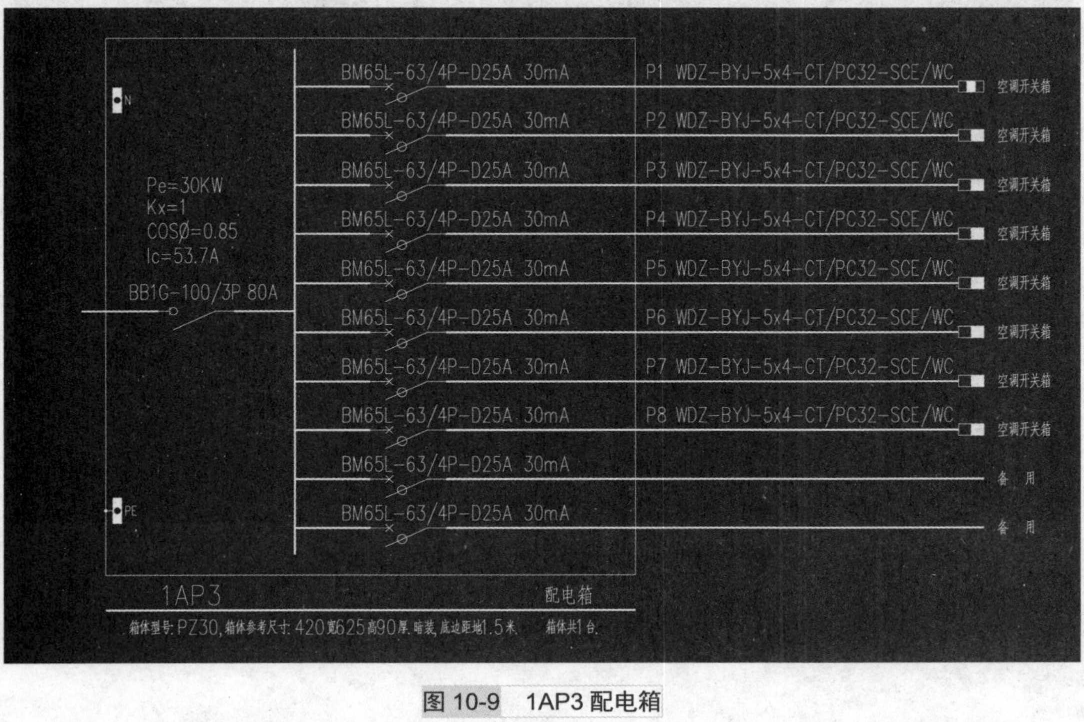

图 10-9　1AP3 配电箱

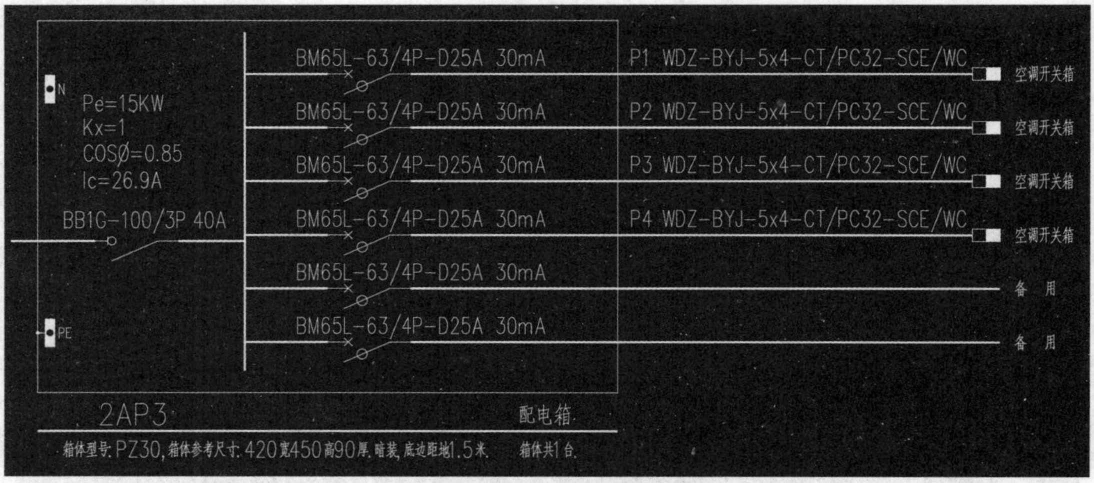

图 10-10　2AP3 配电箱

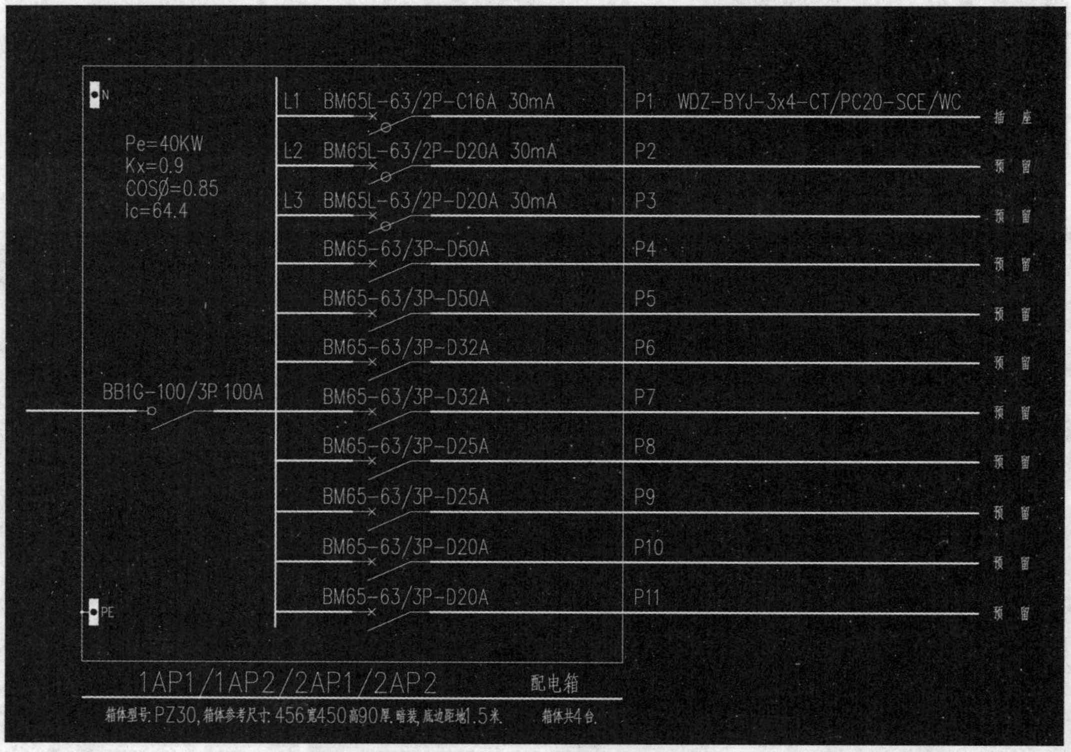

图 10-11　1AP1/2AP2/2AP1/2AP2 配电箱

10.2.3　分部分项工程和单价措施项目清单与计价

分部分项工程和单价措施项目清单与计价表 10-24 详见二维码。

拓展资源 4.pdf

相应工程量的计算是根据图纸在软件中导出来的，这里不再一一进行详细列式。下文根据工程量进行投标报价的编制。

10.2.4　投标报价编制

投标报价编制见表 10-25～表 10-41 所示。

表 10-25　投标总价

投 标 总 价

招　标　人：

工 程 名 称：　　某集中训练营食堂改造项目—电气

投 标 总 价：　　（小写）：　76399.14

　　　　　　　　　（大写）：　柒万陆仟叁佰玖拾玖元壹角肆分

投　标　人：

　　　　　　　　　（单位盖章）

法定代表人
或其授权人：

　　　　　　　　　（签字或盖章）

编　制　人：

　　　　　　　　　（造价人员签字盖专用章）

时　　　间：　　　　　年　月　日

表 10-26　单位工程投标报价汇总表

工程名称：某集中训练营食堂改造项目—电气　标段：某集中训练营食堂改造项目　第 1 页 共 1 页

序号	汇总内容	金额/元	其中：暂估价/元
1	分部分项工程费	56435.7	
1.1	配电箱	4005.33	
1.2	配管配线	17274.02	
1.3	电缆桥架	14175.24	
1.4	开关、插座、灯具	15888.5	
1.5	改造部分	4480.45	
1.6	接地	612.16	
2	措施项目费	7761.55	
2.1	其中：安全文明施工费	3560.61	
3	其他项目费		—
3.1	其中：暂列金额		—
3.2	其中：专业工程暂估价		—
3.3	其中：计日工		—
3.4	其中：总承包服务费		—
3.5	其中：其他		
4	规费	4630.8	—
4.1	定额规费	4630.8	
4.2	工程排污费		—
4.3	其他		
5	不含税工程造价	68828.05	
6	增值税	7571.09	—
7	含税工程造价	76399.14	
投标报价合计=1+2+3+4+6		76399.14	0

　　分部分项工程和单价措施项目清单与计价表详见本章 10.2.3 节的内容。

表 10-27　综合单价分析表

工程名称：某集中训练营食堂改造项目—电气　标段：某集中训练营食堂改造项目　第 1 页　共 78 页

项目编码	030404 017002	项目名称		配电箱		计量 单位	台	工程量	1

清单综合单价组成明细

定额 编号	定额项目名 称	定 额 单 位	数量	单价				合价			
				人工费	材料费	机 械 费	管理费 和利润	人 工 费	材料费	机械费	管理费 和利润
4-2-7 8	成套配电箱 安装 悬挂、 嵌入式半周 长 2.5m	台	1	157.24	38.6	5.3	62.45	157.24	38.6	5.3	62.45
人工单价		小计						157.24	38.6	5.3	62.45
高级技工 201 元/工 日；普工 87.1 元/工 日；一般技工 134 元 /工日		未计价材料费									
清单项目综合单价								263.59			

材 料 费 明 细	主要材料名称、规格、型号	单位	数量	单价 /元	合价 /元	暂 估 单 价/元	暂 估 合 价/元
	棉纱	kg	0.12	12	1.44		
	电力复合脂	kg	0.41	20	8.2		
	其他材料费	元	0.68	1	0.68		
	硬铜绞线　TJ-2.5~4mm^2	m	8.32	1.68	13.98		
	SP-AP 800×1000×200	台	1				
	其他材料费			—	14.3		
	材料费小计			—	38.61	—	

表 10-28　综合单价分析表

工程名称：某集中训练营食堂改造项目—电气　标段：某集中训练营食堂改造项目　第　2　页　共　78　页

项目编码	030404017003		项目名称	配电箱		计量单位	台	工程量	1

清单综合单价组成明细

定额编号	定额项目名称	定额单位	数量	单价				合价			
				人工费	材料费	机械费	管理费和利润	人工费	材料费	机械费	管理费和利润
4-2-76	成套配电箱安装 悬挂、嵌入式半周长 1.0m	台	1	101	24.51		40.06	101	24.51		40.06
人工单价		小计						101	24.51		40.06
高级技工 201 元/工日；普工 87.1 元/工日；一般技工 134 元/工日		未计价材料费									
清单项目综合单价								165.57			

材料费明细	主要材料名称、规格、型号	单位	数量	单价/元	合价/元	暂估单价/元	暂估合价/元
	棉纱	kg	0.1	12	1.2		
	电力复合脂	kg	0.41	20	8.2		
	其他材料费	元	0.4333	1	0.43		
	硬铜绞线 TJ-2.5~4mm^2	m	5.618	1.68	9.44		
	2AL 330 宽 450 高 90 厚	台	1				
	其他材料费			—	5.24	—	
	材料费小计			—	24.51	—	

表 10-29　综合单价分析表

工程名称：某集中训练营食堂改造项目—电气　标段：某集中训练营食堂改造项目　第 3 页　共 78 页

项目编码	030404017001		项目名称		配电箱		计量单位	台	工程量	1

清单综合单价组成明细

定额编号	定额项目名称	定额单位	数量	单价				合价			
				人工费	材料费	机械费	管理费和利润	人工费	材料费	机械费	管理费和利润
4-2-78	成套配电箱安装 悬挂、嵌入式半周长 2.5m	台	1	157.24	38.6	5.3	62.45	157.24	38.6	5.3	62.45
人工单价		小计						157.24	38.6	5.3	62.45
高级技工 201 元/工日;普工 87.1 元/工日;一般技工 134 元/工日		未计价材料费									
清单项目综合单价								263.59			

材料费明细	主要材料名称、规格、型号	单位	数量	单价/元	合价/元	暂估单价/元	暂估合价/元
	棉纱	kg	0.12	12	1.44		
	电力复合脂	kg	0.41	20	8.2		
	其他材料费	元	0.6826	1	0.68		
	硬铜绞线 TJ-2.5~4mm^2	m	8.32	1.68	13.98		
	SP-AL(1AL) 800 宽 1000 高 200 厚	台	1				
	其他材料费			—	14.3		
	材料费小计			—	38.61	—	

　　此处只列出来了几个综合单价分析表为例，其他分部分项工程的综合单价分析表详见附加资源，同时，同学们也可以借此机会，将剩下的分部分项工程作为实训练习自己手算，然后和附加资源里面的文档进行对比，这样可以查漏补缺。

表 10-30　总价措施项目清单与计价表

工程名称：某集中训练营食堂改造项目—电气　　标段：某集中训练营食堂改造项目　第 1 页　共 1 页

序号	项目编码	项目名称	计算基础	费率/%	金额/元	调整费率/%	调整后金额/元	备注
1	031302001001	安全文明施工费(环境保护费、文明施工费、安全施工费、临时设施费、扬尘污染防治增加费)	分部分项安全文明施工费+单价措施安全文明施工费		3560.61			
2		其他措施费(费率类)			1716.57			
2.1	031302002001	夜间施工增加费	分部分项其他措施费+单价措施其他措施费	25	429.14			
2.2	031302004001	二次搬运费	分部分项其他措施费+单价措施其他措施费	50	858.29			
2.3	031302005001	冬雨季施工增加费	分部分项其他措施费+单价措施其他措施费	25	429.14			
2.4	031302008001	其他						
合　计					5277.18			

表 10-31　其他项目清单与计价汇总表

工程名称：某集中训练营食堂改造项目—电气　　标段：某集中训练营食堂改造项目　第 1 页　共 1 页

序号	项目名称	金额/元	结算金额/元	备注
1	暂列金额	0		
2	暂估价	0		
2.1	材料(工程设备)暂估价	—		
2.2	专业工程暂估价	0		
3	计日工	0		
4	总承包服务费	0		
合　计		0		—

表 10-32　暂列金额明细表

工程名称：某集中训练营食堂改造项目—电气　　　标段：某集中训练营食堂改造项目

序号	项 目 名 称	计量单位	暂定金额/元	备 注
	合计			

表 10-33　材料(工程设备)暂估单价及调整表

工程名称：某集中训练营食堂改造项目—电气　　标段：某集中训练营食堂改造项目

序号	材料(工程设备)名称、规格、型号	计量单位	数量		暂估/元		确认/元		差额±/元		备注
			暂估	确认	单价	合价	单价	合价	单价	合价	
合计											

表 10-34　专业工程暂估价及结算价表

工程名称：某集中训练营食堂改造项目—电气　标段：某集中训练营食堂改造项目

序号	工程名称	工程内容	暂估金额/元	结算金额/元	差额±/元	备注
合计						

表 10-35　计日工表

工程名称：某集中训练营食堂改造项目—电气　　标段：某集中训练营食堂改造项目

编号	项目名称	单位	暂定数量	实际数量	综合单价/元	合 价/元	
						暂定	实际
一	人工						
1							

续表

编号	项目名称	单位	暂定数量	实际数量	综合单价/元	合 价/元	
						暂定	实际
人工小计							
二	材料						
1							
材料小计							
三	施工机械						
1							
施工机械小计							
	四、企业管理费和利润						
合 计							

表 10-36 总承包服务费计价表

工程名称：某集中训练营食堂改造项目—电气　标段：某集中训练营食堂改造项目　第 1 页 共 1 页

序号	项目名称	项目价值/元	服务内容	计算基础	费率/%	金额/元
合计						

表 10-37 规费、税金项目计价表

工程名称：某集中训练营食堂改造项目—电气　标段：某集中训练营食堂改造项目

序号	项目名称	计算基础	计算基数	计算费率/%	金额/元
1	规费	定额规费+工程排污费+其他	4630.8		4630.8
1.1	定额规费	分部分项规费+单价措施规费	4630.8		4630.8
1.2	工程排污费				
1.3	其他				
2	增值税	不含税工程造价	68828.05	11	7571.09
合 计					12201.89

表 10-38　总价项目进度款支付分解表

工程名称：某集中训练营食堂改造项目—电气　　　标段：某集中训练营食堂改造项目　　　单位：元

序号	项目名称	总价金额	首次支付	二次支付	三次支付	四次支付	五次支付	
1	安全文明施工费(环境保护费、文明施工费、安全施工费、临时设施费、扬尘污染防治增加费)	3560.61						
2	其他措施费(费率类)	1716.57						
2.1	夜间施工增加费	429.14						
2.2	二次搬运费	858.29						
2.3	冬雨季施工增加费	429.14						
2.4	其他							
合　计		5277.18						

表 10-39　发包人提供材料和工程设备一览表

工程名称：某集中训练营食堂改造项目—电气　　　标段：某集中训练营食堂改造项目

序号	材料(工程设备)名称、规格、型号	单位	数　量	单价/元	交货方式	送达地点	备　注

表 10-40　承包人提供主要材料和工程设备一览表

(适用于造价信息差额调整法)

工程名称：某集中训练营食堂改造项目—电气　　　标段：某集中训练营食堂改造项目

序号	名称、规格、型号	单位	数　量	风险系数/%	基准单价/元	投标单价/元	发承包人确认单价/元	备　注

表 10-41　承包人提供主要材料和工程设备一览表

(适用于价格指数差额调整法)

工程名称：某集中训练营食堂改造项目—电气　　　标段：某集中训练营食堂改造项目

序号	名称、规格、型号	变值权重 B	基本价格指数 F_0	现行价格指数 F_t	备 注

　　为进一步帮助学生巩固对安装工程计量与计价知识的学习和掌握，随书附赠某安装空调，新风平面图及某集中训练营食堂给排水改造项目施工图，学生可通过扫描下方二维码获取精准电子图纸进行学习。

空调　新风平面图-家装(1).pdf　　　空调　新风平面图-家装(2).pdf　　　空调　新风平面图-家装(3).pdf

某集中训练营食堂改造项目—给
排水　说明.pdf　　　某集中训练营食堂改造项目—给
排水.pdf　　　某集中训练营食堂改造项目—给
排水.pdf

某集中训练营食堂改造项目—给
排水.pdf　　　某集中训练营食堂改造项目—给
排水.pdf　　　某集中训练营食堂改造项目—给
排水.pdf

参 考 文 献

1. GB 50856—2013. 通用安装工程工程量计算规范[S]. 北京：中国计划出版社，2013.

2. 中华人民共和国住房和城乡建设部. GB 50500—2013 建设工程工程量清单计价规范[S].北京：中国计划出版社，2013.

3. 河南省房屋建筑与装饰工程预算定额(HA01—31—2016)(上册) [M]. 北京：中国建材工业出版社. 2016.

4. 河南省房屋建筑与装饰工程预算定额(HA01—31—2016)(下册) [M]. 北京：中国建材工业出版社. 2016.

5. 闫瑞娟. 工程造价风险管理方法研究[D]. 重庆大学，2003.

6. 吴丽莉. 工程造价全过程控制方法的研究[D]. 吉林大学，2008.

7. 蒋白懿，李亚峰等. 给水排水管道设计计算与安装 [M]. 北京：化学工业出版社，1995.

8. 吴耀伟. 供热通风与建筑给排水工程施工技术[M]. 哈尔滨：哈尔滨工业大学出版社，2006.

9. 黄崇实，王福样. 通风空调工程安装手册[M]. 北京：中国建筑工业出版社，1993.

10. 贾水康. 供热通风与空调工程施工技术[M]. 北京：机械工业出版社，2007.

11. 邢丽贞. 给排水管道设计与施工[M]. 北京：化学工业出版社，2005.

12. 张秀德.安装工程定额与预算[M]. 北京：中国电力出版社，2010.

13. 叶萍. 建筑电气工程量计算[M]. 北京：中国建筑工业出版社，2010.

14. 黄利萍，胥进. 通风与空调识图教材[M]. 上海：上海科学技术出版社，2004.

15. 马楠. 建筑工程预算与报价[M]. 北京：科学出版社，2008.

16. 全国造价工程师执业资格考试培训教材编审委员会. 建筑工程技术与计量[M]. 北京：中国计划出版社，2005.

17. 于业伟，张孟同. 安装工程计量与计价[M]. 武汉：武汉理工大学山版社，2009.

18. 冯钢，景巧玲. 安装工程计量与计价[M]. 北京：北京大学出版社，2009.

19. 周国潘. 设备安装工程施工与概预算编制[M]. 哈尔滨：黑龙江科学技术出版社，1997.